U0290148

计算机系列教材

王 娜 编著

Java Web项目开发案例教程

清华大学出版社
北京

内 容 简 介

本书全面而又详细地介绍了 Java Web 应用项目开发需要的各种知识与技能，主要包括开发环境的安装与配置、Servlet、JSP、过滤器、监听器、JavaBean、JDBC 等应用。本书涵盖了 5 个小项目：登录验证器、网络购物车、编码过滤器、留言板、用户信息管理小系统，是一本以“项目驱动、案例教学、理论与实践相结合”教学方法为主的一体化教材。

本书结构严谨，层次分明，不仅适合作为计算机及相关专业 Java Web 开发的教材，也可作为专业技术人员的参考书。

图书在版编目(CIP)数据

Java Web 项目开发案例教程/王娜编著. --北京：清华大学出版社，2014(2023.7 重印)
计算机系列教材
ISBN 978-7-302-37364-3

Ⅰ. ①J…　Ⅱ. ①王…　Ⅲ. ①JAVA 语言－程序设计－高等学校－教材　Ⅳ. ①TP312

中国版本图书馆 CIP 数据核字(2014)第 163170 号

责任编辑：张　玥
封面设计：常雪影
责任校对：时翠兰
责任印制：曹婉颖

出版发行：清华大学出版社
网　　址：http://www.tup.com.cn，http://www.wqbook.com
地　　址：北京清华大学学研大厦 A 座　　**邮　　编**：100084
社 总 机：010-83470000　　**邮　　购**：010-62786544
投稿与读者服务：010-62776969，c-service@tup.tsinghua.edu.cn
质量反馈：010-62772015，zhiliang@tup.tsinghua.edu.cn
课件下载：http://www.tup.com.cn，010-83470236
印 装 者：涿州市般润文化传播有限公司
经　　销：全国新华书店
开　　本：185mm×260mm　　**印　　张**：12.75　　**字　　数**：292 千字
版　　次：2014 年 12 月第 1 版　　**印　　次**：2023 年 7 月第 7 次印刷
定　　价：45.00 元

产品编号：060304-02

前言

随着信息社会的发展，传统的教育模式已难以满足社会需要。一方面，大量毕业生无法找到满意的工作，另一方面，用人单位却在感叹无法招到符合职位要求的员工。因此，积极推进教学改革，根据市场需求调整课程和教学，已成为多数院校专业建设和课程改革的共识。

本书是根据教学改革要求，采用项目导向、任务驱动等新的教学思路编写的。它改变了以往遵循章节设计的教学思路，用项目和细化的小任务贯穿整个教材的知识体系，旨在训练学生的岗位工作技能，培养其解决实际问题的综合能力。全书由5个项目组成，每个项目又涵盖了若干实施该项目的工作任务，细化了项目学习目标，条理清晰，层次分明，方便读者一步步实现学习目标。

本书在介绍知识点的同时还列举了几十个实例。它们都源于教学、科研和企业、行业的最新典型项目，内容全面，贴近实际，具有可读性、趣味性和广泛性。

本书由王娜编写。编者在编写过程中参考了大量技术资料，吸取了许多同仁、企业专家的宝贵经验，建立了以“工作项目为导向，用工作任务为驱动，以行动体系为框架，以典型案例情境为引导”的教材体系。

由于编者水平有限，书中难免存在疏漏或不妥之处，敬请读者提出宝贵意见和建议，发送邮件到 wnbird@hotmail.com。

编　者

2014年5月

FOREWORD

目 录

项目1　登录验证器

1.1　项目描述

登录验证器是实现用户登录验证的，主要需求如下：用户在登录页面上输入用户名和密码，服务器端接收到客户端提交的请求，到数据库检验用户是否合法。如果是合法用户，转到欢迎页面，否则返回登录失败页面。同时，新用户还可以通过注册页面注册。

本项目完成的功能如下。

(1) 可以注册新用户，注册的信息存入数据库中，注册的用户名必须是没注册过的。

(2) 可以从数据库中查询用户名和密码，实现登录验证。

1.2　学习目标

学习目标：

(1) 了解 Web 应用程序的基本知识。

(2) 正确安装、配置 Tomcat，掌握 Web 环境的搭建。

(3) 了解 Servlet 的基本知识。

(4) 会使用 Servlet 的各个对象。

(5) 能够编写 Servlet 的应用程序。

本项目通过完成登录验证器的编写，介绍开发 Web 应用程序基本概念、Web 环境搭建、Servlet 组件等相关知识。

1.3　项目实施

任务 1.3.1　Web 应用入门

1. 什么是 Web

Web 全称 World Wide Web，简称 WWW，译名万维网或全球信息网。Web 提供一个图形化的界面，用以浏览网上资源。它是一个在 Internet 上运行的全球性、分布式信息发布系统，通过 Internet 提供基于超媒体的数据信息服务。它把各种类型的信息（文本、图像、声音和影视）有机地集成起来，供用户使用。

2. URL 简介

统一资源定位符（Uniform Resource Locator，URL）是 Web 页的地址，该地址会在浏览器顶部的 Location 或 URL 框内显示出来。鼠标指针移至某个超链接上方时，URL 也会在屏幕的底部显示出来。

URL 由两个主要部分构成：协议(Protocol)和目的地(Destination)。

“协议”告诉人们面对的是何种类型的 Internet 资源。Web 中最常见的协议是 http，它表示从 Web 中取回的是 HTML 文档。其他协议还有 Gopher、FTP 和 Telnet 等。

“目的地”可以是某个文件名、目录名或某台计算机的名称。例如 http://www.bsa.edu.cn/index.html，这样的一个 URL 能让浏览器知道 HTML 文档的正确位置以及文件名是什么。如果 URL 是 ftp://ftp.netabc.com/，浏览器就知道自己该登录进入一个 FTP 站点，它位于名为 netabc.com 的一台网络计算机内。

Web 中有加亮、下划线或用不同颜色显示的某些文字——那些文字也许就是某个超链接(Hyperlink)。如果鼠标指针移至它们上方时改变了形状，则确信它们就是超链接。这就意味着文字是“可单击”的。单击这种文字，便会直接进入一个新网页。

那么计算机如何知道下面该传送哪个网页呢？这就需要使用 URL 来实现。

URL 用来定义 Web 网页地址的格式如下。

```
URL 格式：协议名：//主机名[：端口号]/[路径名/…/文件名]
    例：  ↑          ↑                  ↑           ↑
        http  ://www.asd.com         /edu/     index.htm
```

注：主机名＝域名或 IP 地址。

3. Web 发展历程

Web 技术起源于 20 世纪 80 年代。1991 年，CERN(European Organization for Nuclear Research)正式发布了 Web 技术标准。目前，与 Web 相关的各种技术标准都由著名的 W3C 组织(World Wide Web Consortium)管理和维护。

Web 是一种典型的分布式应用架构。Web 应用中的每一次信息交换都涉及客户端和服务端两个层面。因此，Web 开发技术大体也可以分为客户端技术和服务端技术两大类。Web 客户端的主要任务是展现信息内容，最早、最常用的客户端信息显示语言为 HTML，它是目前使用最广泛且被大多数浏览器支持的语言。和 Web 客户端相关的技术还有 JavaScript、VBScript、CSS 等。

Web 服务器端主要是响应客户的请求，最早的 Web 服务器仅是简单响应浏览器发来的 HTML 请求，并将存储在服务器上的 HTML 文件返回给客户端浏览器。这种静态的服务功能非常有限，随着 Web 技术的发展，逐渐出现了各种可以动态响应客户请求的技术，从最早的 CGI 技术到目前的 PHP、ASP、JSP 等。通过这些动态的 Web 服务器端技术，人们可以享受到信息检索、信息交换、信息处理等更为便捷的动态信息服务。

4. C/S 结构与 B/S 结构

Web 应用程序基于 B/S 结构，和一般的 C/S 的应用程序不同。所谓的 C/S 结构，即 Client/Server(客户机/服务器)结构，也称桌面应用程序。通过将任务合理分配到 Client

端和 Server 端，降低了系统的通信开销，可以充分利用两端硬件环境的优势。典型的桌面应用程序有字处理程序、记事本、媒体播放器等。

最简单的 C/S 体系结构的数据库应用由两部分组成，即客户应用程序和数据库服务器程序。该结构的客户端主要处理数据，而服务器端主要存储数据，通过把应用数据的处理和数据存储合理地分配在客户机和服务器两端，可以有效降低网络通信量和服务器的运算量。但是，基于 C/S 模式的应用需要专门的客户端安装程序，分布功能弱，针对点多面广且不具备网络条件的用户群体，不能够实现快速部署安装和配置。所以这种结构的软件适于在用户数目不多的局域网内使用。另外，由于它的客户端比较庞大，常称为胖客户端，在较大范围内部署和应用维护成本较高。

C/S 结构的软件还存在一些问题，如伸缩性差、性能较差、重用性差、移植性差等。

C/S 结构的系统结构如图 1.1 所示。

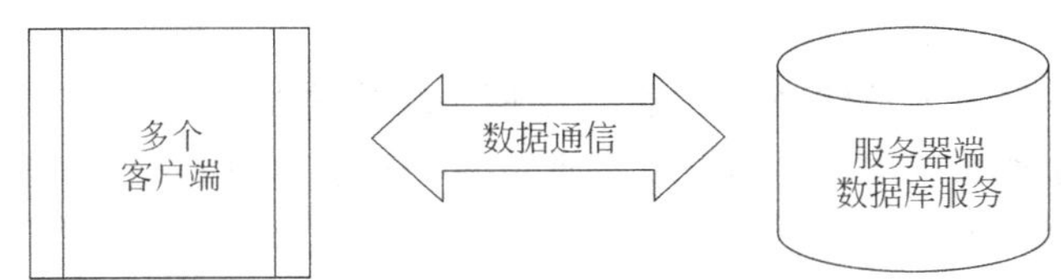

图 1.1　C/S 系统结构图

B/S 软件体系结构，即 Browser/Server（浏览器/服务器）结构，是随着 Internet 技术的兴起，对 C/S 体系结构的一种变化或改进的结构。在 B/S 体系结构下，用户界面完全通过 WWW 浏览器实现，一部分事务逻辑在前端实现，但是主要事务逻辑在服务器端实现。数据库不是直接向每个客户提供服务，而是与 Web 服务器交互，实现了对客户请求服务的动态性、实时性和交互性。

B/S 结构的系统结构如图 1.2 所示。

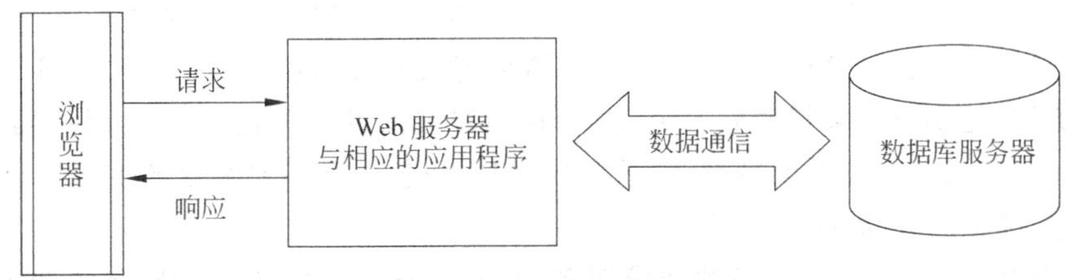

图 1.2　B/S 系统结构图

C/S 和 B/S 的差异主要是在支撑环境、安全控制、程序架构、软件重用、系统维护、用户接口、信息流等方面。

5. 静态网页与动态网页

静态网页的内容是固定的，不会根据浏览者的不同需求而改变，一般使用 HTML 语言编写。早期网页一般都是静态网页，通常以. htm、. html、. shtml、. xml 等为后缀，如 http://www. 163. com/index. htm。

静态网页具有如下特点。

(1) 每个网页都有一个固定的 URL,且以. htm,. html,. shtml 等常见形式为后缀。

(2) 网页内容一发布到网站服务器上,无论是否有用户访问,每个静态网页的内容都保存在网站服务器上。

(3) 内容相对稳定,因此容易被搜索引擎检索。

(4) 没有数据库的支持,网站制作和维护的工作量较大。

(5) 交互性差,在功能方面有较大限制。

判断一个网页是否是静态网页,可以先看后缀名,再看是否能与服务器发生交互行为。静态网页有很大的局限性,仅由 HTML 页面构成的 Web 应用程序的内容是静止的,不会对用户的动作做出动态响应。

动态网页是指在接到用户访问要求后动态生成的页面,页面内容会随着访问时间和访问者发生变化。动态网页通常以. asp,. jsp,. php,. perl,. cgi 等为后缀。

动态网页具有如下特点。

(1) 以数据库技术为基础,极大地降低了网站维护的工作量。

(2) 采用动态网页技术的网站可以实现更多的功能,如用户注册、用户登录、在线调查、用户管理、订单管理等。

(3) 动态网页实际上并不是独立存在于服务器上的网页文件,只有当用户请求时,服务器才给出一个完整的网页。

(4) 动态网页中的“”对搜索引擎检索存在一定问题。搜索引擎一般不可能从一个网站的数据库中访问全部网页,或者出于技术方面的考虑,搜索蜘蛛不去抓取网址中“”后面的内容。因此,采用动态网页的网站推广时,需要做一定的技术处理,才能适应搜索引擎的要求。

6. HTTP 请求

在前面的 B/S 结构中,用户的请求和 Web 应用程序的响应需要通过 Internet 从一台计算机发送到另一台计算机或服务器,使用的是超文本传输协议(HTTP)。HTTP 客户端(如浏览器)需要与服务器建立一个连接,并将请求消息发送到 HTTP 服务器,以请求相应的资源,然后服务器返回带有请求资源的相应消息。HTTP 协议的主要特点如下。

(1) 支持客户机/服务器模式。

(2) 简单快速：客户向服务器请求服务时,只需传送请求方法和路径。请求方法常用的有 GET、POST、HEAD 等。由于 HTTP 协议简单,因此 HTTP 服务器的程序规模小,通信速度很快。

(3) 灵活：HTTP 允许传输任意类型的数据对象。

(4) 无连接：限制每次连接只处理一个请求。服务器处理完客户的请求,并收到客户的应答后,即断开连接。采用这种方式可以节省传输时间。

(5) 无状态：HTTP 协议是无状态协议。无状态是指协议对于事务处理没有记忆能力,如果后续处理需要前面的信息,则必须重传,这可能导致每次连接传送的数据量增大。另一方面,服务器不需要先前信息时,它的应答就较快。

HTTP 请求消息使用 GET 或 POST 方法,以便在 Web 上传输请求。

检索信息时使用 GET 方法，如检索文档、图表或数据库查询结果。要检索的信息作为字符参数传递，称为查询字符串。因此传递的数据对客户端是可见的。根据服务器的不同，查询字符串的长度限制在 240～255 个字符。例如，要使用 GET 方法，在网站 www.163.com 中查询 name 为 a 的用户信息，那么查询字符串的表示如下。

```
www.163.com/user?name=a
```

HTTP 定义的另一种请求方法是 POST 方法。使用 POST 发送的数据对客户端是不可见的，且对发送数据的量没有限制。POST 方法多用来传输敏感数据，如信用卡号或用户的密码等。

7. Web 应用程序体系结构

大多数应用程序由以下 3 个组件组成。

(1) 表示逻辑：由用户界面和用于生成界面的代码组成。

(2) 业务逻辑：包含系统的业务和功能代码。

(3) 数据存取逻辑：负责完成存取数据库的数据。

这 3 个组件中使用的单词“逻辑”通常被替换为“层”。因此，这 3 个组件被称为表示层、业务层和数据层或数据存取层。应用程序的体系结构定义如何将这些组件组合在一起，并交互完成软件的功能。以下是 3 种应用程序体系结构。

1) 一层体系结构

在这种体系结构中，所有与表示逻辑、业务逻辑和数据存取逻辑相关的代码都耦合在一起。如图 1.3 所示。

2) 二层体系结构

在这种体系结构中，数据存取逻辑的代码与业务逻辑和表示逻辑分开，如图 1.4 所示。而且任何与数据存取层的交互都通过业务层完成，但表示逻辑和业务逻辑的代码仍然耦合在一起。

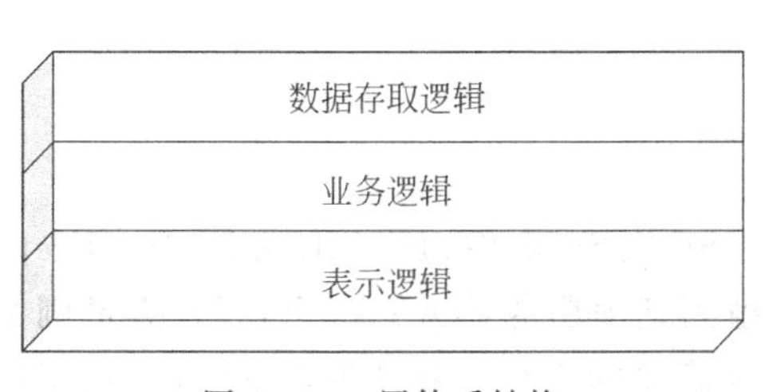

图 1.3　一层体系结构

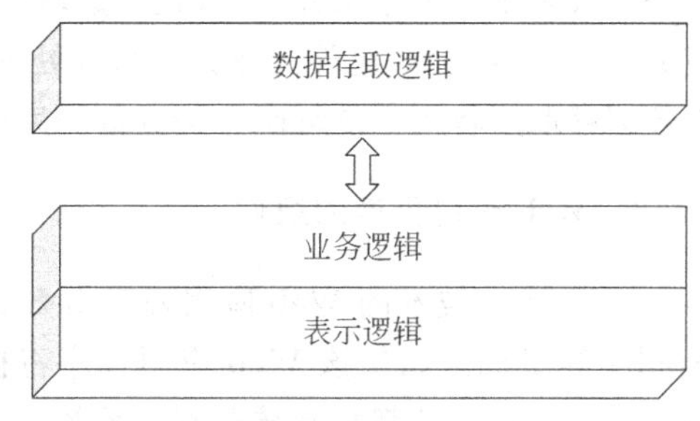

图 1.4　二层体系结构

3) 三层体系结构

在这种体系结构中，与 3 个组件相关的代码相互之间保持独立。但是，现在是业务层充当数据存取层和表示层之间的接口，通常表示层不能直接与数据存取层进行通信。三层体系结构如图 1.5 所示。

设计良好的 Web 应用程序通常基于三层体系结构，它的优点如下。

(1) 降低了各组件之间的耦合性，即一个组件的更改不会影响其他两个组件。例如，如果用户需要更换数据库，那么只有数据存取逻辑组件需要修改代码。同样，如果更改了用户界面设计，那么只有表示逻辑组件需要修改。

(2) 由于表示逻辑和数据存取逻辑相对独立，因而可以方便地扩充表示逻辑，使系统具有良好的可扩展性。

(3) 代码重复最少，因为在3个组件之间尽可能共享代码。

(4) 良好的分工与协作，这将使不同的小组能够独立开发应用程序的不同部分，并充分发挥各自的长处和优势。

图1.6展示了应用于Web应用程序的三层体系结构。此处，表示层(通常为HTML或JSP页面)由在客户端系统显示用户接口的代码组成。

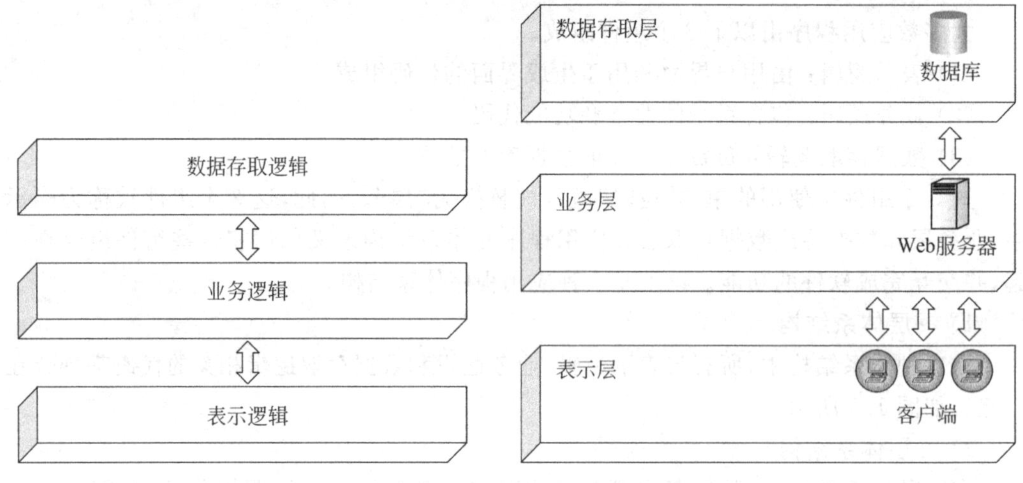

图1.5　三层体系结构　　图1.6　基于三层体系结构的典型Web应用程序

例如，用户界面可以是包含用户订阅的时事通讯列表的HTML窗体。一旦用户选择一个或多个时事通讯并单击【提交】按钮，Web服务器就会将此信息转发到业务层中相应的Servlet或JSP组件。业务层组件处理了用户输入后，将进一步与数据存取层交互，由数据存取层将用户的订阅存储到数据库中。

8. Web应用程序的组件

基于Java技术的Web应用程序由Servlet、JSP页面、图像、HTML文件、JavaBean、Applet等组成。如果该Web应用程序将被移植到其他服务器或系统上，开发人员则必须将所有这些文件都复制转移到新系统上。一种简便的方法是将所有与Web应用程序关联的文件打包成一个.war文件，并将该文件部署到新服务器或系统上。与Servlet规范兼容的所有Web容器都支持.war文件。

任务1.3.2　Java Web环境搭建

对于Java Web应用程序的开发环境，需要安装JDK、Web服务器、数据库服务器以及集成的 Java 开发平台。其中,JDK、Web 服务器是开发所有 Java Web 应用程序必须安装的。

1. JDK 安装

JDK 安装包可以在 http://java.sun.com 网站下载,双击安装文件,进入安装流程。

(1) 首先进入自定义安装界面,如图 1.7 所示。

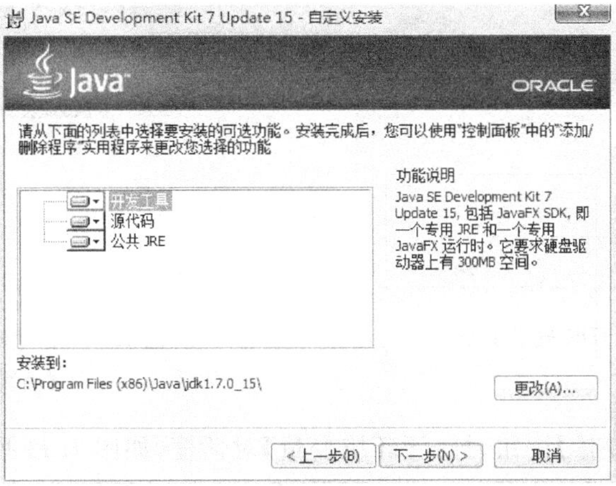

图 1.7 JDK 自定义安装界面

(2) 要在自定义安装界面中修改 JDK 的安装路径,可单击【更改】按钮更改,如图 1.8 所示。

图 1.8 更改 JDK 安装路径

(3) 更改后,先后单击【确定】、【下一步】按钮开始安装,直至安装完成,如图 1.9 所示。

(4) JDK 安装完成后,需要设置两个环境变量(不区分大小写):PATH、CLASSPATH。在桌面上右击【我的电脑】,在弹出的快捷菜单中选择【属性】选项,然后选择【高级系统设置】选项，在弹出的对话框中选择【高级】选项卡，如图 1.10 所示。

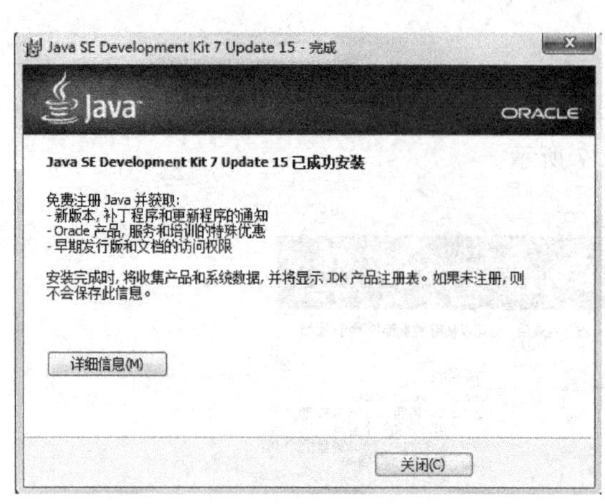

图 1.9 JDK 安装完成

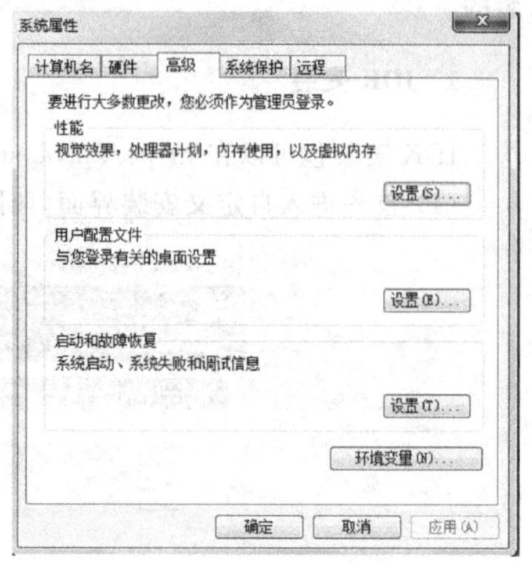

图 1.10 【系统属性】对话框中的【高级】选项卡

(5) 单击【环境变量】按钮，打开【环境变量】对话框，如图 1.11 所示。【环境变量】对话框中有用户变量和系统变量，两者的区别是系统变量对所有用户都生效，用户变量只对指定的用户生效。

(6) 在系统变量中选择 Path 变量，单击【编辑】按钮，在变量值中添加"JDK 的安装路径\bin"，其中变量值中原有的值用英文输入法下的分号进行分隔，如图 1.12 所示。

(7) 单击【环境变量】对话框中的【新建】按钮，弹出【新建用户变量】对话框，在变量名中输入 classpath，变量值为".;%JAVA_HOME%\lib"。其中"."表示当前目录，分号后面的"%JAVA_HOME%\lib"表示 JDK 安装目录中的 lib 子目录，如图 1.13 所示。

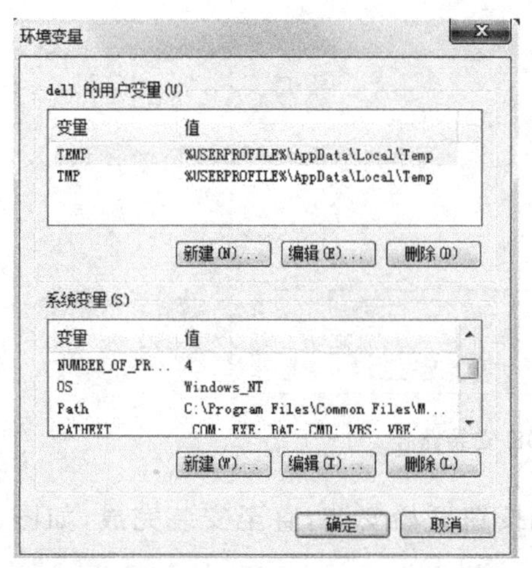

图 1.11 【环境变量】对话框

图 1.12 修改 Path 环境变量

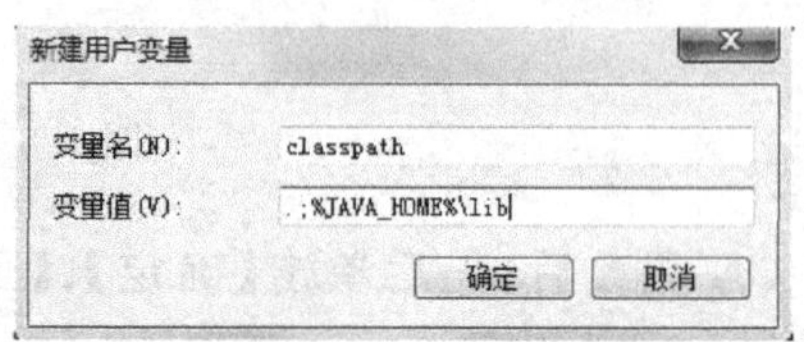

图 1.13 新建 classpath 环境变量

2. Web 服务器安装

1) Web 服务器简介

Web 服务器也称为 WWW 服务器。WWW 采用的是客户机/服务器结构，其作用是整理和储存各种 WWW 资源，并响应客户端软件的请求。

Web 服务器不仅能够存储信息，还能在用户通过 Web 浏览器提供的信息基础上运行脚本和程序。在 Windows 操作系统中，如果采用 ASP 或 ASP. NET 进行 Web 程序开发，则需要通过 IIS 搭建 Web 服务器；如果采用 PHP 进行 Web 程序开发，则需要通过 Apache 搭建 Web 服务器；如果采用 JSP 进行 Web 程序开发，则需要通过 J2SDK 和 J2EESDK 以及相关的应用服务器，如 Tomcat、WebLogic 等搭建 Web 服务器。本书的所有示例都将基于 Tomcat 服务器。

2) Tomcat 的下载与安装

Tomcat 是 Apache 基金会 Jakarta 项目中的一个核心项目，由 Apache、Sun 和其他一些公司及个人共同开发而成。它是一个集成了 Servlet 容器的免费开源 Web 服务器，既能解析 JSP/Servlet，也能提供 Web 服务。

Tomcat 可以在 http://tomcat. apache. org/网站免费下载。本书采用的是 Tomcat8. 0. 5 版。直接解压压缩包即可安装 Tomcat，解压的位置可以随意选择，这里解压到 D:\apache-tomcat-8. 0. 5。

安装完成后，仍需要设置一个环境变量(不区分大小写)：java_home，同 JDK 的 classpath 环境变量的配置方法。将变量名设置为 java_home，变量值设为“JDK 的安装路径”，如图 1. 14 所示。

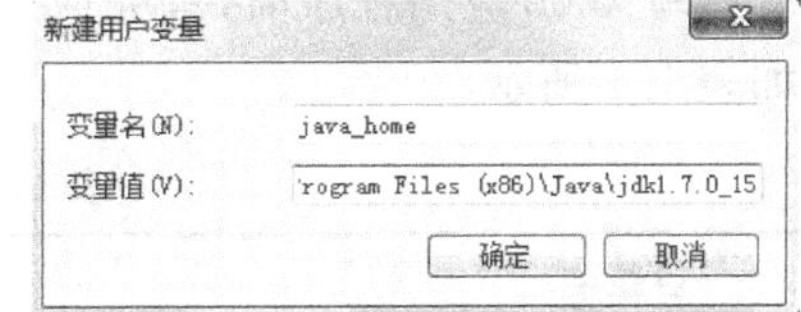

图 1. 14　新建 java_home 环境变量

打开 D:\apache-tomcat-8. 0. 5\bin 目录，双击 startup 文件，启动 Tomcat，如图 1. 15 所示。

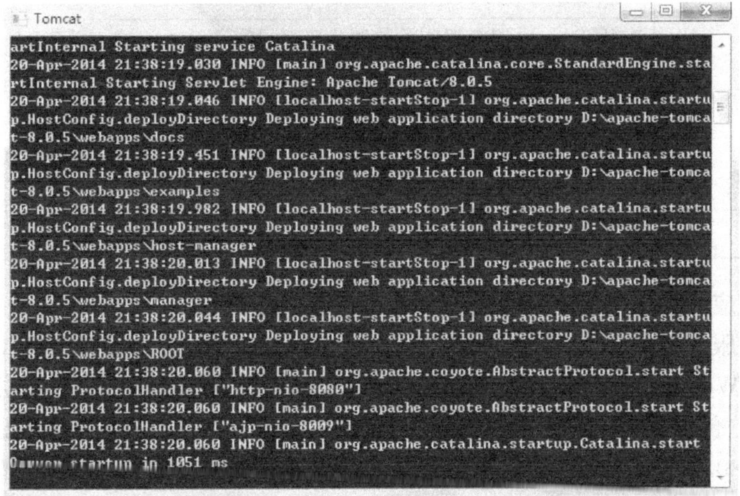

图 1. 15　Tomcat 启动窗口

启动浏览器,在地址栏中输入 http://localhost:8080,如果出现图 1.16 所示的窗口,则 Tomcat 安装成功。

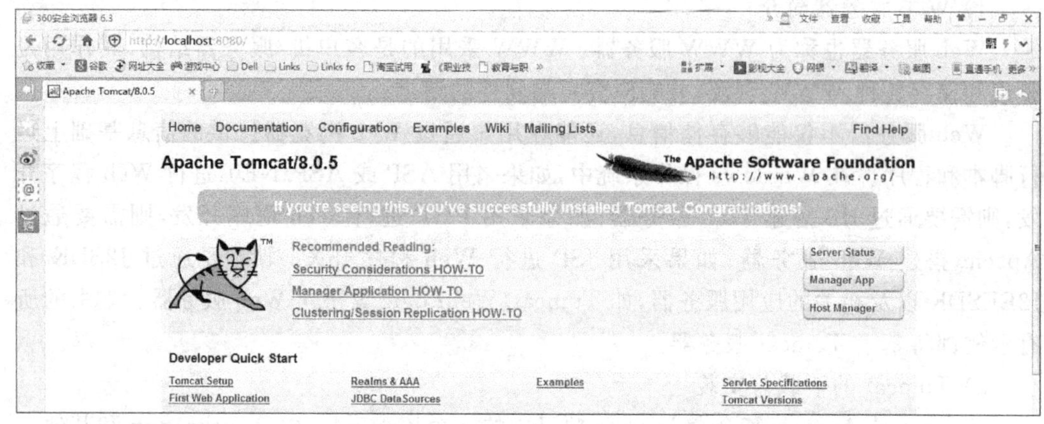

图 1.16 测试 Tomcat

3. Tomcat 的配置

1) Tomcat 的目录结构

编写 Web 应用程序前,首先应了解 Tomcat 的目录结构和作用。Tomcat 的目录结构如表 1.1 所示。

表 1.1 Tomcat 的目录结构

目录名	作　用
\bin	存放启动和关闭 Tomcat 服务器的文件
\conf	存放服务器的各种配置文件,包括 server.xml、web.xml
\logs	存放服务器日志文件
\src	存放 Tomcat 服务器相关的源代码,包括 jakarta-servletapi-5、jakarta-tomcat-5、jakarta-tomcat-catalina 等
\temp	存放 Tomcat 服务器的各种临时文件
\webapps	存放 Web 应用程序文件。如 JSP 应用程序、Servlet 应用程序和默认 Web 服务目录 ROOT
\work	存放 JSP 页面所转换成的 Servlet 文件和字节码文件

2) Web 应用程序目录结构

Tomcat 服务器的默认 Web 服务目录是\apache-tomcat-8.0.5\webapps\ROOT。ROOT 即是 Web 应用程序的一个顶层目录,用来标识 Web 应用程序,该顶层目录可以自己命名创建。例如,如果顶层目录的名称为 hello,则此 Web 应用程序可以用 http://localhost:8080/hello/来访问。该顶层目录结构成为文档根目录,由以下几部分组成。

(1) 静态文件:包括所有的 HTML 网页和图像文件等。

(2) JSP 页面文件:利用 JSP 页面技术可以很方便地在页面中生成动态内容。

(3) WEB-INF：该目录存在于 Web 应用程序根目录下。主要由以下部分组成。

① classes 目录：存储 Servlet 类、JavaBean 类和 Web 应用程序需要的其他类。

② lib 目录：包含 Web 应用程序所需的各种.jar 文件。

③ web.xml 文件：Web 应用程序的部署描述文件，该文件包含有关 Web 应用程序的元数据信息。根元素为<web-app>。

3) 配置 Tomcat 服务器

默认情况下，Tomcat 服务器的服务端口号是 8080。实际应用中，有时需要更改这个配置。下面讲述如何修改 Tomcat 服务器端口号。

假设希望将服务器端口号 8080 改为 8000。使用记事本或其他文本编辑器打开 \apache-tomcat-8.0.5\conf\server.xml 文件，定位到 94 行的 port=8080 处，将此处修改为 port=8000。修改完毕，保存该文件，然后重起 Tomcat 服务器，Tomcat 就使用 8000 端口提供服务了。

4) 示例：建立简单的 Web 程序并运行

步骤一：在 Tomcat 下的 webapps 目录下建立 Web 应用程序主目录 hello。

步骤二：在 hello 目录下建立 WEB-INF 目录和简单的 HTML 文件。代码如下。

```
//index.html
<HTML>
<HEAD>
<TITLE>Hello</TITLE>
</HEAD>
<BODY>
<H1>Hello World!</H1>
</BODY>
</HTML>
```

步骤三：在 WEB-INF 目录下建立 classes 目录、lib 目录以及 web.xml 文件。在 web.xml 文件中写入根元素<web-app></web-app>，代码如下。

```
<?xml version="1.0" encoding="UTF-8"?>
<web-app>
</web-app>
```

步骤四：启动 Tomcat 服务。

步骤五：通过 http://localhost:8080/hello/index.html 进行访问。访问结果如图 1.17 所示。

4. 数据库服务器的安装

1) MySQL 简介

本书数据库服务器采用开源的 MySQL 5.0 数据库。MySQL 是一个小型关系型数据库管理系统，开发者为瑞典的 MySQL AB 公司。MySQL 被广泛应用在 Internet 的中小型网站中。由于其体积小、速度快、总体拥有成本低，尤其具有开放源码这一特点，因此

图 1.17　运行结果

许多中小型网站选择 MySQL 作为网站数据库。

2）MySQL 的安装

MySQL 的安装文件可以在 http://www.mysql.com 下载，双击安装文件，进入安装流程。

（1）在安装类型界面中选择 Typical，如图 1.18 所示。

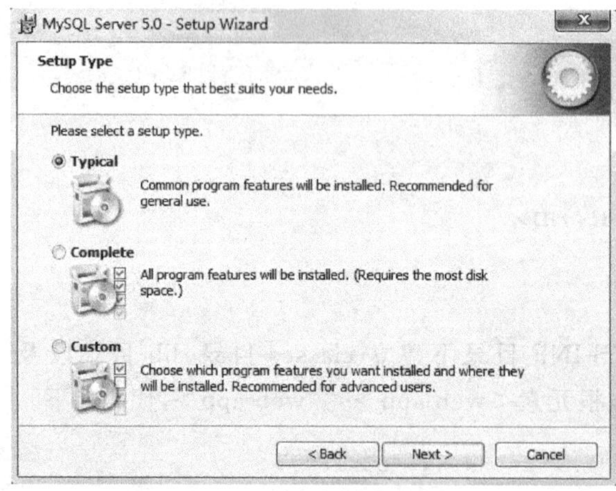

图 1.18　选择安装类型

（2）单击 Next 按钮，开始安装，安装完成后 MySQL 提示用户是否注册一个 MySQL.com 的账户，这里选择 Skip Sign-Up，如图 1.19 所示。

（3）单击 Next 按钮，完成 MySQL 安装，如图 1.20 所示。单击 Finish 按钮，开始配置 MySQL Server。

（4）配置数据库服务器时，一路单击 Next 按钮，采取默认设置，直到配置数据库服务器字符集界面，这里选择 Manual Selected Default Character Set/Collation，并设置字符集为 GBK 或 GB2312，如图 1.21 所示。

（5）连续单击 Next 按钮，直到出现配置数据库安全选项界面，设置 root 账户的密码为 123456，如图 1.22 所示。

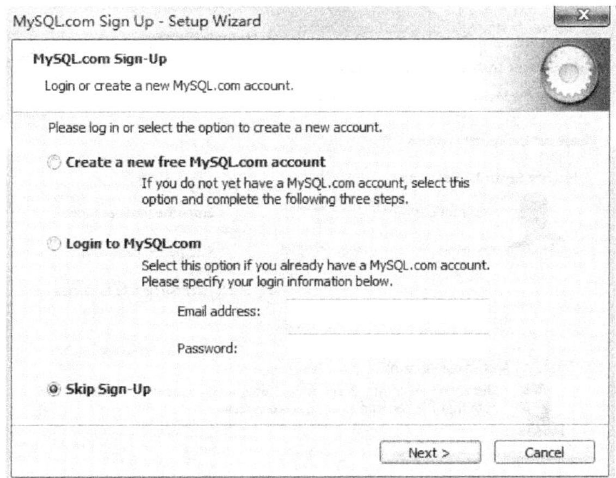

图 1.19 MySQL 账户注册

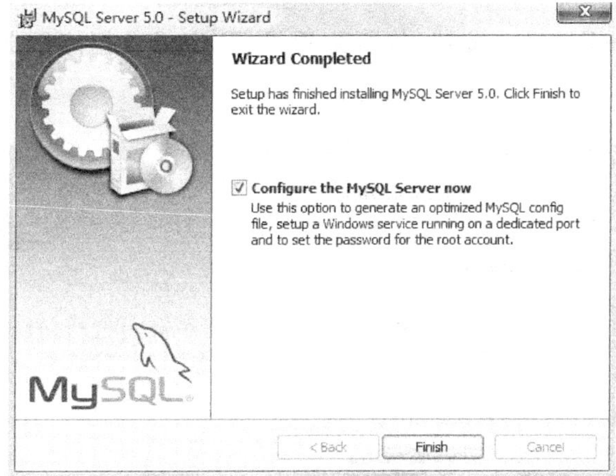

图 1.20 MySQL 安装完成

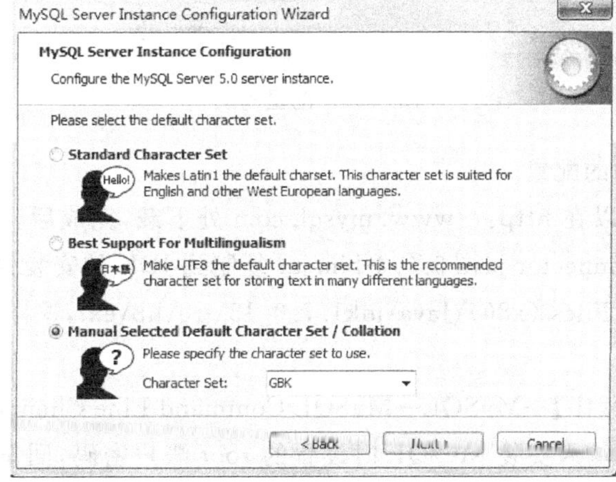

图 1.21 设置字符集

图 1.22　设置密码

(6) 单击 Next→Execute 按钮，执行配置设置，完成数据库服务器配置，如图 1.23 所示。

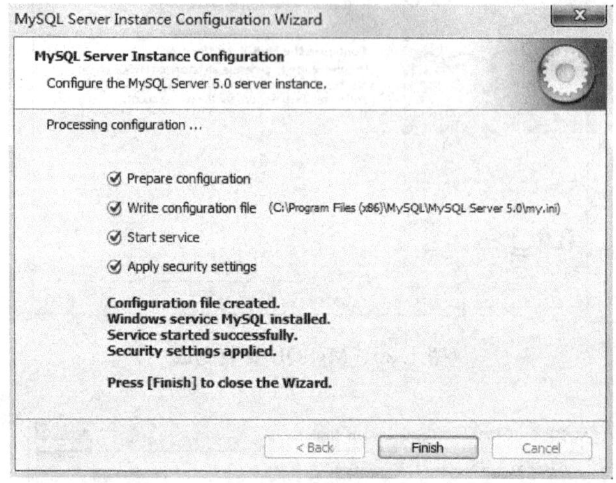

图 1.23　配置完成

3) MySQL 驱动的配置

MySQL 驱动可以在 http://www.mysql.com 处下载，完成后，将 MySQL 的 JDBC 连接驱动包 mysql-connector-java-5.0.4-bin.jar 复制到 JDK 的安装目录\jre\lib\ext 中，本书为 D:\Program Files (x86)\Java\jdk1.7.0_15\jre\lib\ext，这样就配置成功了。

4) 运行 MySQL

选择【开始】→【程序】→MySQL→MySQL Command Line Client，启动 MySQL，在弹出的 MySQL 窗口中输入安装 MySQL 时设置的 root 账户密码，回车后进入 MySQL 的提示符，如图 1.24 所示。

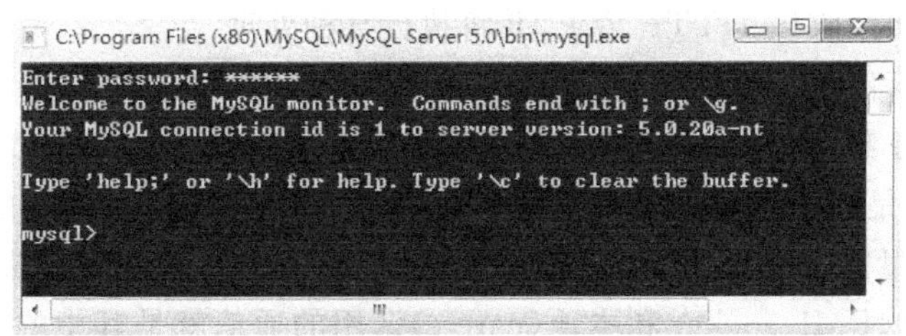

图 1.24　MySQL 运行界面

5) MySQL 常用命令

(1) 建库和建表：

```
create database 库名;
create table 库名.表名(字段设定列表);
```

(2) 选择数据库：

```
use 库名;
```

(3) 删库和删表：

```
drop database 库名;
drop table 库名.表名;
```

(4) 将表中记录清空：

```
delete from 库名.表名;
```

(5) 显示表中的记录：

```
select * from 库名.表名;
```

任务 1.3.3　Servlet 基础知识

1. 什么是 Servlet

Servlet 是用 Java 编写的服务器端程序，它与协议和平台无关。Servlet 运行于请求/响应模式的 Web 服务器中，从客户端接收请求，然后对请求进行处理，处理后返回结果。Servlet 可以动态地扩展服务器的能力，被认为是服务器端的 Applet，被 Web 服务器加载和执行，就如同 Applet 被浏览器加载和执行一样。由于 Servlet 本身就是一个 Java 类，所以基于 Java 的全部特性都能够应用。而这些特性是编写高性能 Web 应用程序的关键。

使用 Servlet 的基本流程如下。

(1) 客户端(如 Web 浏览器)通过 HTTP 提出请求。

(2) Web 服务器接收该请求，并将其发给 Servlet。如果这个 Servlet 尚未被加载，Web 服务器将把它加载到 Java 虚拟机，并且执行它。

(3) Servlet 将接收该 HTTP 请求,并将执行某种处理。

(4) Servlet 将向 Web 服务器返回应答。

(5) Web 服务器将从 Servlet 收到的应答发送给客户端。

由于 Servlet 是在服务器上执行,通常与 Applet 相关的安全性问题并不需要实现。Servlet 使相当数量的不可能或至少是很难由 Applet 实现的功能实现成为可能。与现有系统通过 CORBA、RMI、socket 和本地(native)调用的通信就是其中的例子。另外,一定要注意,Web 浏览器并不直接和 Servlet 通信,Servlet 是由 Web 服务器加载和执行的。这意味着如果 Web 服务器有防火墙保护,那么 Servlet 也将得到防火墙的保护。

2. Servlet 的优点

Servlet 可以很好地替代公共网关接口(Common Gateway Interface,CGI)脚本。通常 CGI 脚本是用 Perl 或 C 语言编写的,它们总是和特定的服务器平台紧密相关。而 Servlet 是用 Java 编写的,所以它们一开始就是与平台无关的。这样,Java 编写一次就可以在任何平台运行(write once,run anywhere)的承诺就同样可以在服务器上实现了。Servlet 还有一些 CGI 脚本所不具备的独特优点,内容如下。

1) 持久性

Servlet 只需 Web 服务器加载一次,而且可以在不同请求之间保持服务(例如一次数据库连接)。与之相反,CGI 脚本是短暂的、瞬态的。每一次对 CGI 脚本的请求,都会使 Web 服务器加载并执行该脚本。一旦这个 CGI 脚本运行结束,它就会被从内存中清除,然后将结果返回到客户端。CGI 脚本的每一次使用,都会造成程序初始化过程(例如连接数据库)的重复执行。

2) 与平台无关性

如前所述,Servlet 是用 Java 编写的,它自然也继承了 Java 的平台无关性。

3) 可扩展性

Java 是健壮的、面向对象的编程语言,很容易扩展,以适应需求。Servlet 自然也具备了这些特征。

4) 安全性

从外界调用一个 Servlet 的唯一方法就是通过 Web 服务器。这提供了高水平的安全性保障,尤其是在 Web 服务器有防火墙保护的时候。

5) 方便性

Servlet 提供了大量的实用工具例程,例如自动解析和解码 HTML 表单数据,读取和设置 HTTP 头,处理 Cookie,跟踪会话状态等。

3. 编译 Servlet 的准备

对于编写好的 Servlet,需要编译成字节码文件(.class),才能运行在 Web 服务器上。用于编译 Servlet 的是 Java Servlet 的开发工具包(JSDK),其中包含了 Java Servlet API,它是标准的 Java 扩展 API。这意味着 JSDK 不是 Java 核心框架的组成部分,因而可以由提供商将其作为附加包来提供。

Tomcat 5 以上的版本中提供了 Servlet API,因此可以打开 Tomcat 的解压包,找到 lib\servlet-api.jar 的文件,把该文件复制到 JDK 的安装目录\jre\lib\ext 中,完成 Servlet 的配置。

4. Servlet 运行原理

Servlet 是 Java Web 应用中最核心的组件。它是一个用 Java 编写的服务端应用程序,在服务器上运行,以处理客户端请求。用户通过客户端对服务器发出请求,服务器将去调用相应的 Servlet,然后将运行结果响应给用户,如图 1.25 所示。

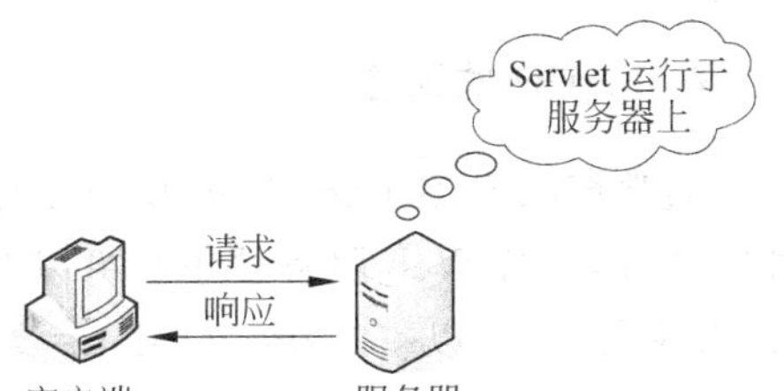

图 1.25 Servlet 运行原理

Servlet 由支持 Servlet 的服务器的 Servlet 引擎负责管理运行。那么,Servlet 引擎又是什么呢？这里首先解释一下插件的概念。插件,英文翻译为 Plug-in,其实就是一个程序,但它必须是遵循一定规范的应用程序编程接口。简单地说,一个插件就是一种新的功能。一个优秀的软件并非十全十美,因为软件起初设计时的功能比较完善,随着时间的推移,可能会出现功能漏洞,此时若加装某个插件,就能弥补软件功能的不足,使软件不断发展。而插件的设计者不一定就是该软件的开发商,可能是其他软件商,姑且称他们为第三方。在大多数情况下,Servlet 引擎就是第三方提供的插件,它由厂商专用的技术连接到 Web 服务器。Servlet 引擎的作用就是将用户向服务器端提交的 Servlet 请求截获下来,并进行处理。

5. Servlet 处理 HTTP 请求

Servlet 类和普通的 Java 类也有区别,Servlet 对象必须运行在 Servlet 容器中。当用户发送请求到 Web 服务器后,Web 服务器确定如果是一个 Servlet 请求,将会把请求交给 Servlet 容器处理。Servlet 容器是 Web 服务器的一部分,是运行在 Web 服务器中的组件。Servlet 容器确定具体要交给哪一个 Servlet 处理,如图 1.26 所示。

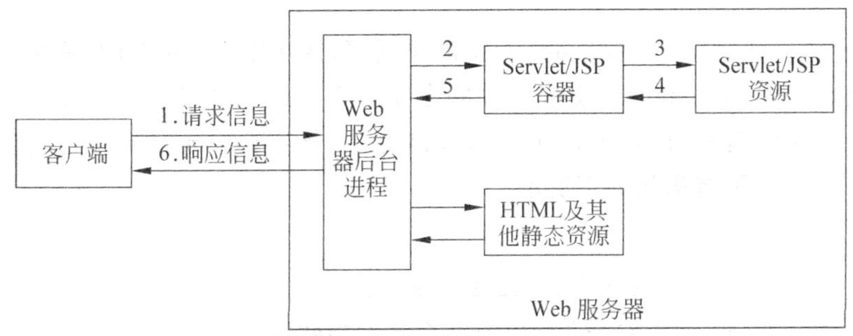

图 1.26 Servlet 接收 HTTP 请求

在具体的 Servlet 类中,将会根据不同的 HTTP 提交方式执行相应的 doXXX()方法,具体定义如下。

```
public void doXXX(HttpServletRequest request, HttpServletResponse response)
throws ServletException, IOException
```

如果以 HTTP GET 方式提交，将会执行 doGet()方法；同样，以 POST 方式提交的，将会执行 doPost()方法。其中，方法的参数 request 和 response 对象是由 Servlet 容器创建的，它们的具体使用将在后续章节中分析。Servlet 对象执行完毕后，再返回结果给 Web 服务器，由 Web 服务器返回给客户端。

6. Servlet 的配置

通常情况下，Servlet 在 web. xml 文件中配置。web. xml 是 Web 应用程序的部署描述文件，用来给 Web 服务器解析并获取 Web 应用程序相关描述。web. xml 与其他的 XML 文件一样，以<？ xml version＝"1. 0" encoding＝"UTF-8"？>开头，紧接着是根元素<web-app>。子元素<servlet>和<servlet-mapping>用于 Servlet 的基本配置。

(1) <servlet>元素指定了与 Servlet 相关的配置，其子元素<servlet-name>指定了 Servlet 的名字，这个名字在同一个 web. xml 中必须是唯一的；其子元素<servlet-class>指定 Servlet 的包名和类名。配置语句如下所示。

```
<servlet>
<servlet-name>Servlet 名字</servlet-name>
<servlet-class>Servlet 包名.Servlet 类名</servlet-class>
</servlet>
```

(2) <servlet-mapping>元素指定了和 Servlet 访问相关的配置，其子元素<servlet-name>指定了 Servlet 的名字，与<servlet>中的<servlet-name>相同；其子元素<url-pattern>指定了 Servlet 的访问路径，这里只需给出对于整个 Web 应用的相对路径。配置语句如下所示。

```
<servlet-mapping>
<servlet-name>Servlet 名字</servlet-name>
<url-pattern>Servlet 的访问路径</url-pattern>
</servlet-mapping>
```

(3) <init-param>元素是<servlet>的子元素，用于定义 Servlet 中需要的初始化参数。其子元素<param-name>表示参数的名字，<param-value>表示参数的值。一个<servlet>中可以有多个<init-param>，但是一个<param-name>只能对应一个<param-value>。配置语句如下所示。

```
<servlet>
<servlet-name>Servlet 名字</servlet-name>
<servlet-class>Servlet 包名.Servlet 类名</servlet-class>
<init-param>
<param-name>参数的名字 1</param-name>
<param-value>参数的值 1</param-value>
</init-param>
```

```
<init-param>
<param-name>参数的名字 2</param-name>
<param-value>参数的值 2</param-value>
</init-param>
</servlet>
```

7. 第一个 Servlet 程序

深入学习 Servlet 前，先简单了解编写一个 Servlet 类的要点。

(1) 需要导入两个包：javax. servlet 和 javax. servlet. http。

(2) Servlet 类需继承 HttpServlet，并要实现以下几个主要方法。

① init()：初始化 Servlet。init()方法只在 Servlet 加载后调用一次，而且对 Servlet 的其他任何调用都要在 init()方法执行结束之后才能处理。

② destroy()：如果不再有需要处理的请求，则释放 Servlet 实例。

③ doGet()和 doPost()：由服务器调用来处理客户端发出的 GET 和 POST 请求。需要两个参数，第一个是存储客户端请求的 HttpServletRequest 对象，第二个是包含服务器对客户端做出响应的 HttpServletResponse 对象。

下面编写一个简单的 Servlet 使用示例。

步骤一：编写一个 Servlet 类，并编译生成. class 文件，代码如下。

```
package test;
import javax.servlet. * ;
import javax.servlet.http. * ;
import java.io. * ;
public class TestServlet extends HttpServlet{
public void init(){ }
public void doGet(HttpServletRequest request,HttpServletResponse response)
throws ServletException,IOException
{
PrintWriter out=response.getWriter();
out.println("Hello world");
}
public void destroy(){ }
}
```

步骤二：在 Tomcat 的 webapps 目录下建立 Web 应用程序目录结构，并将 TestServlet. class 连同包 test 一起复制到 WEB-INF 目录下的 classes 目录中。

步骤三：修改 web. xml 文档。代码如下。

```
<?xml version="1.0" encoding="UTF-8"?>
<web-app>
<servlet>
<servlet-name>test</servlet-name>
<servlet-class>test.TestServlet</servlet-class>
```

```
</servlet>
<servlet-mapping>
<servlet-name>test</servlet-name>
<url-pattern>/hello</url-pattern>
</servlet-mapping>
</web-app>
```

步骤四：启动 Tomcat 服务，通过 http://localhost:8080/hello/hello 访问。访问结果如图 1.27 所示。

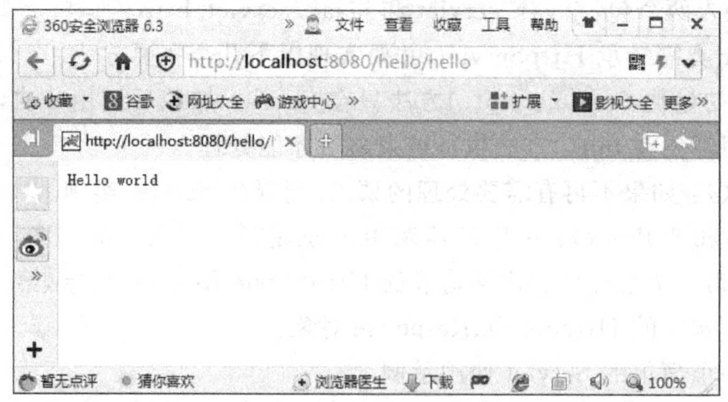

图 1.27 运行结果

任务 1.3.4 Servlet 的生命周期

1. Servlet 生命周期的含义

了解 Servlet 的生命周期对深入掌握 Servlet 技术是非常重要的。Servlet 的生命周期就是指 Servlet 实例在创建之后响应客户请求直至销毁的全过程。Servlet 实例的创建取决于 Servlet 的首次调用。Servlet 接口定义了 Servlet 生命周期的 3 个方法。由于 Servlet 的整个生命周期是由 Servlet 容器控制的，所以这 3 个方法也由 Servlet 容器调用。

Servlet 生命周期的 3 个方法如下。

1) init()

创建 Servlet 实例后对其进行初始化。实现 ServletConfig 接口的对象作为参数进行传递。ServletConfig 接口的作用就是将信息(如 Servlet 的初始化参数的名称，初始化参数的值以及 Servlet 的实例的名称等)传递给 Servlet。init()方法的声明如下。

```
public void init(ServletConfig config)throws ServletException
```

其中的 config 就是作为参数传递给 init()方法实现的 ServletConfig 接口对象。

2) service()

响应客户端发出的请求。service()方法的声明如下。

```
public void service(ServletRequest request, ServletResponse response) throws
ServletException, IOException
```

其中的参数 ServletRequest 和 ServletResponse 对象是由 Servlet 容器创建并传递给 service()方法使用的。在 HttpServlet 中，service()方法将会区分不同的 HTTP 请求类型，调用相应的 doXXX()方法进行处理。

3) destroy()

如果不再有需要处理的请求，则释放 Servlet 实例。destroy()方法的声明如下。

```
public void destroy()
```

一般来说，一个 Servlet 生命周期包含 4 个阶段：载入和实例化、初始化、请求的处理和生命周期结束，如图 1.28 所示。

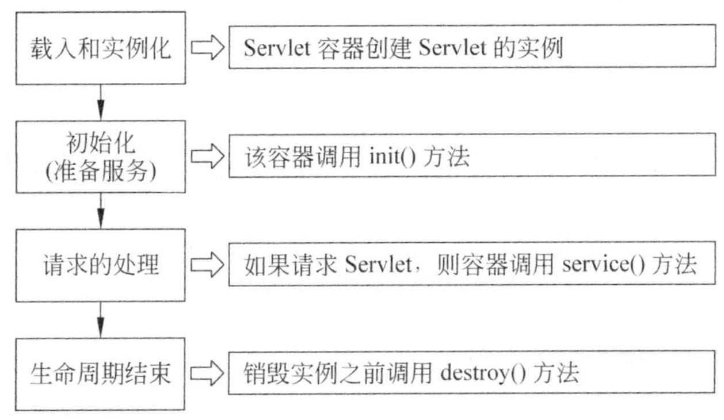

图 1.28 Servlet 的生命周期图

第一阶段：载入和实例化。Servlet 的载入和实例化由 Servlet 容器负责，容器找到相应的 Servlet 类，载入内存并实例化。实现这个阶段的方法是 Servlet 构造方法。但是和其他阶段不同，这个阶段无须用专门的方法。

Servlet 容器通过读取每个部署描述文件 web.xml，知道应该载入哪个 Servlet，然后容器通过调用无参构造方法来实例化每个 Servlet 类文件。由于 Servlet 容器在载入和实例化 Servlet 之前，并不知道 Servlet 类中是否会包含带参数的构造方法，更不知道包含什么参数的构造方法，所以编写 Servlet 类时根本不需要创建任何带参数的构造方法，Servlet 只能调用无参构造方法。Java 编译器会为没有定义构造方法的类并自动提供一个无参数的构造方法，所以编写 Servlet 类时不必写任何构造方法。

第二阶段：初始化。一旦 Web 服务器创建完 Servlet 对象，容器将会立即调用 Servlet 的 init()方法，对 Servlet 进行初始化，并且传递一个 ServletConfig 对象给它。容器通过 ServletConfig 对象向 Servlet 传递一些与 Servlet 相关的信息，例如 web.xml 文件中给特定的 Servlet 部署的一些初始化信息，容器通过处理 web.xml，把这些初始化参数保存到 ServletConfig 对象中，这样 Servlet 就可以获得并使用这些初始化参数了。由此可见，ServletConfig 对象可以说是 Servlet 和 Servlet 容器之间沟通的桥梁。如果 Servlet 不需要执行任何初始化，那么不必实现这个方法。init()方法在一个 Servlet 周期中只会执行一次。

第三阶段：请求的处理。在生命周期的这个阶段，处理请求的主要方法是service()。当请求到达Servlet容器时，容器将调用相应的Servlet的service()方法来处理请求。因为一般都是继承HttpServlet，所以只需要覆盖doPost()或doGet()方法来处理请求。

第四阶段：生命周期结束。释放Servlet实例之前，Servlet容器会调用该Servlet的destroy()方法，Servlet会在destroy()方法中释放它所占用的资源。例如，关闭数据库连接或者文件、刷新一个流(stream)、关闭网络套接字(socket)。注意，destroy()方法并不真地销毁Servlet或引发对它的垃圾收集，只是在恰当的时机简单地清除Servlet所使用和打开的资源。显然，调用这个方法后，容器将不再给这个Servlet转发任何请求。在Servlet生命周期中，由于Servlet只会被卸载一次，所以destroy()方法只会被执行一次。

2. Servlet生命周期的应用

(1) 示例一：以一个记录网页访问次数的Servlet为例，通过访问了解生命周期的含义。

步骤一：建立好Web目录结构，创建一个访问首页的html文件，代码如下。

```
//index.html
<html>
<head>
<title>Servlet生命周期</title>
</head>
<body>
<form name="test" action="life" method="get">
<input type="submit" value="访问">
</form>
</body>
</html>
```

步骤二：编写Servlet类文件，然后将编译成功的Servlet类文件连同包复制到classes目录下，代码如下。

```
//LifeServlet.java
package lifeservlet;
import javax.servlet.*;
import javax.servlet.http.*;
import java.io.*;
public class LifeServlet extends HttpServlet
{
int count;                              //存储访问次数
//初始化计数器
public void init() throws ServletException
{
count=0;
```

```
System.out.println("计数器已经初始化");
}
//处理 HTTP GET 请求
public void doGet(HttpServletRequest request,HttpServletResponse response)
throws ServletException,IOException
{
response.setContentType("text/html;charset=GBK");
PrintWriter out=response.getWriter();
count++;
out.println("这个 Servlet 已经被访问"+count+"次了");
System.out.println("该 Servlet 的 doGet 方法被执行了一次");
}
//清除资源
public void destroy()
{System.out.println("Servlet 已经释放");
}
}
```

步骤三：修改 web. xml 文档。代码如下。

```
<?xml version="1.0" encoding="UTF-8"?>
<web-app>
<servlet>
<servlet-name>lifeservlet</servlet-name>
<servlet-class>lifeservlet.LifeServlet</servlet-class>
</servlet>
<servlet-mapping>
<servlet-name>lifeservlet</servlet-name>
<url-pattern>/life</url-pattern>
</servlet-mapping>
</web-app>
```

步骤四：启动服务，进行访问，运行结果如图 1.29～图 1.33 所示。

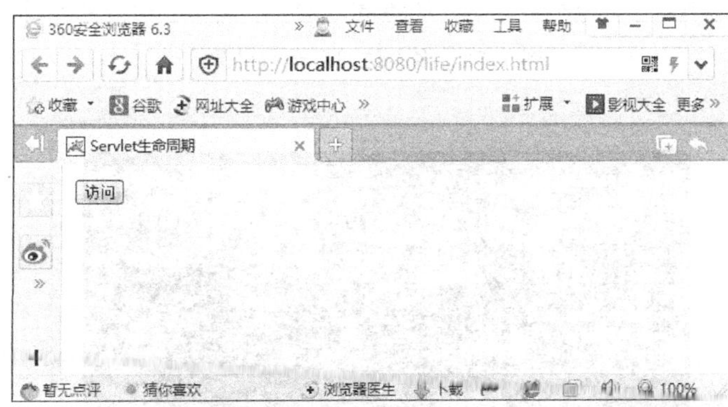

图 1.29 运行主页

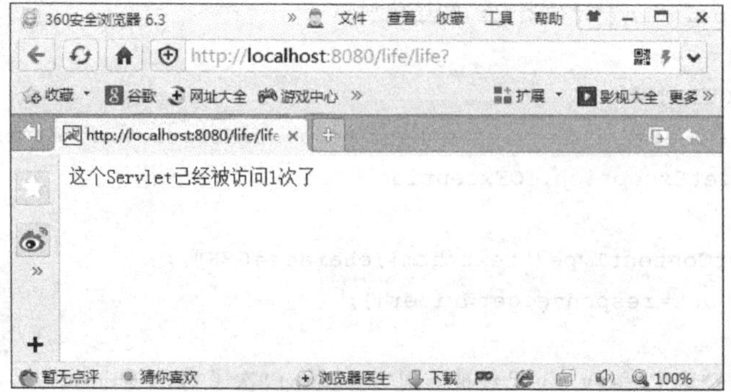

图 1.30　第一次访问结果

图 1.31　控制台显示结果

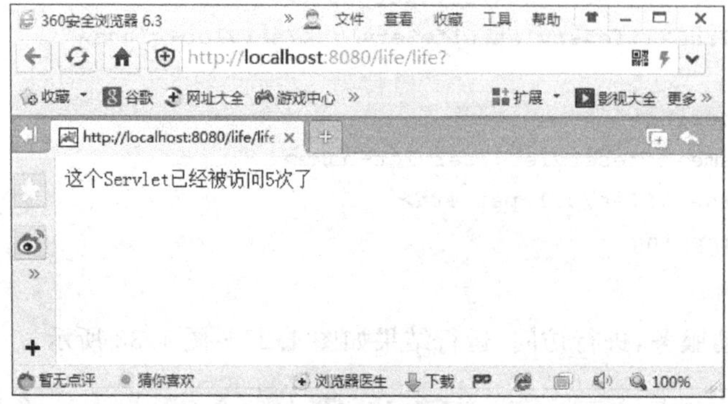

图 1.32　多次访问后运行结果

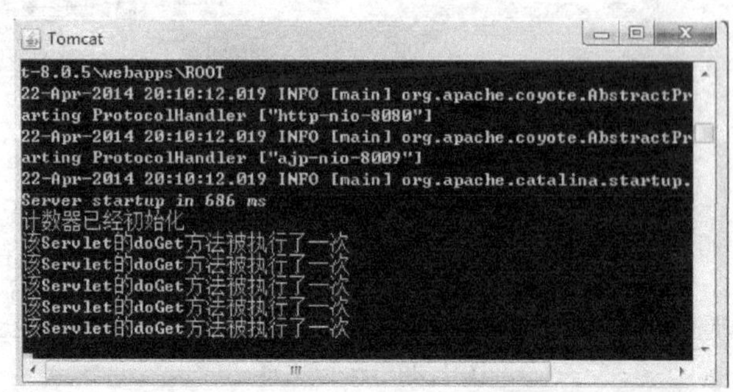

图 1.33　多次访问后控制台显示结果

(2) 示例二：本例实现的功能是 Servlet 在初始化时从文件中读取到原始变量，然后通过访问累加，再重新将变量写回文件中。

从文件中读取变量时，需要的一些方法如下。

① 获取类的当前目录下文件的路径，即.class 文件下某文件的路径。需要使用方法 getResourceAsStream，用法如下。

```
类名.class.getResourceAsStream("文件名");
```

② 获取 Web 应用程序的绝对路径。使用 ServletContext 的方法 getRealPath。用法是先获取 ServletContext 的实例，然后使用 getRealPath 方法。

基本步骤同上例，所不同的是需要在 life\WEB-INF\classes\lifeservlet 目录中创建一个 count.txt 文件，在文件中首先存入 0。Servlet 代码如下。

```
//LifeServlet.java
package lifeservlet;
import javax.servlet.*;
import javax.servlet.http.*;
import java.io.*;
public class LifeServlet extends HttpServlet
{
int count;                                    //存储变量值
ServletContext sc;
String path;                                  //存储路径
public void init()throws ServletException
{
sc=this.getServletContext();
path=sc.getRealPath("WEB-INF/classes/lifeservlet/count.txt");
try{
InputStream is=LifeServlet.class.getResourceAsStream("count.txt");
BufferedReader br=new BufferedReader(new InputStreamReader(is));
String str=br.readLine();
count=Integer.parseInt(str);                  //从文件中取出原始变量值
br.close();
is.close();
}
catch(IOException e)
{
System.out.println(e.getMessage());
}
}
//处理 HTTP GET 请求
public void doGet(HttpServletRequest request,HttpServletResponse response)
throws ServletException,IOException
{
```

```
response.setContentType("text/html;charset=GBK");
PrintWriter out=response.getWriter();
count++;
out.println("您是历史上第"+count+"个用户");
OutputStream fw=new FileOutputStream(path);
BufferedWriter bw=new BufferedWriter(new OutputStreamWriter(fw));
String str=String.valueOf(count);
bw.write(str);
bw.close();
fw.close();
}
//清除资源
public void destroy(){ }
}
```

启动服务器，运行结果如图 1.34 和图 1.35 所示。运行后 count.txt 中存储的变量值也同时更新。

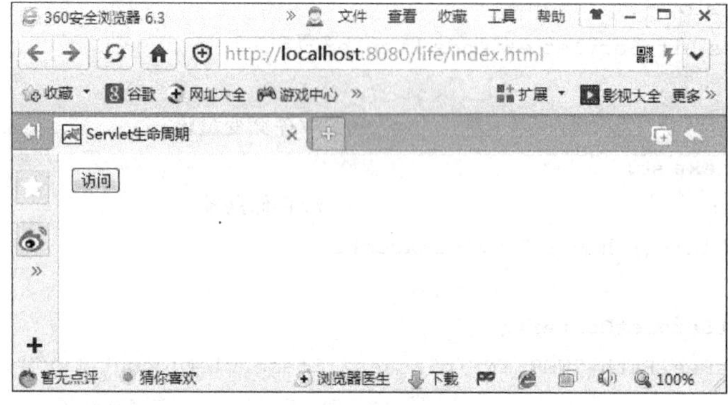

图 1.34　访问首页

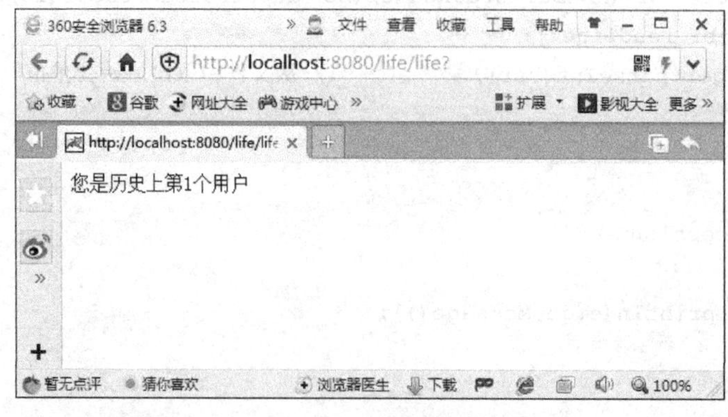

图 1.35　访问结果

上述两个示例都是记录网页访问次数。不同的是，第一个示例中，每次启动服务器 Tomcat，都从 0 开始记数，关闭 Tomcat 后，表示 Servlet 的生命周期结束；第二个示例中，每次启动服务器，都从文件中获取上一次访问后的记数值，访问后文件中存储的记数值也同时更新。

任务 1.3.5 Servlet API

Servlet 容器负责处理客户请求，把请求传送给 Servlet，并把结果返回给客户。不同程序的容器实际实现可能有所变化，但容器与 Servlet 之间的接口是由 Servlet API 定义好的，这个接口定义了 Servlet 容器在 Servlet 上要调用的方法及传递给 Servlet 的对象类。

Servlet API 包含于两个包中，即 javax. servlet 和 javax. servlet. http。javax. servlet 包中定义了 Servlet 接口及相关的通用接口和类；javax. servlet. http 包中主要定义了与 HTTP 协议相关的 HttpServlet 类、HttpServletRequest 接口和 HttpServletResponse 接口。

1. javax. servlet 包

javax. servlet 包中主要的接口和类如图 1.36 所示。

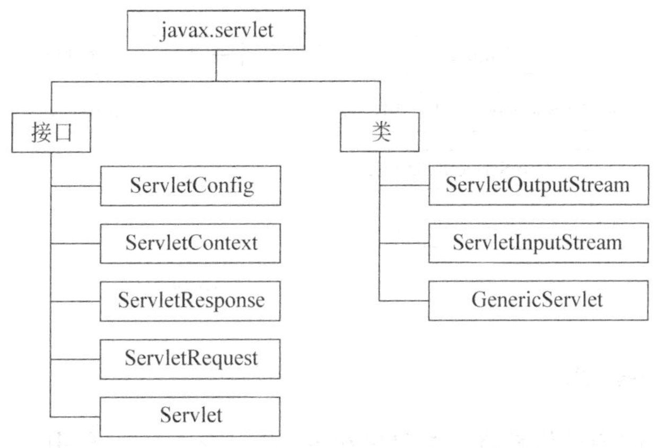

图 1.36 javax. servlet 包

(1) ServletConfig 接口：定义了在 Servlet 初始化过程中由 Servlet 容器传递给 Servlet 的配置信息对象。

(2) ServletContext 接口：定义 Servlet 使用的方法，以获取其容器的信息。

(3) ServletResponse 接口：定义一个对象辅助 Servlet，将请求的响应信息发送给客户端。

(4) ServletRequest 接口：定义一个对象封装客户向 Servlet 的请求信息。

(5) Servlet 接口：定义所有 Servlet 必须实现的方法。

(6) ServletOutputStream 类：定义了名为 readLine()的方法，用于从客户端读取二进制数据。

(7) ServletInputStream 类：向客户端发送二进制数据。

(8) GenericServlet 类：抽象类，定义一个通用的、独立于底层协议的 Servlet。

2. javax. servlet. http 包

javax. servlet. http 包中主要的接口和类如图 1.37 所示。

(1) HttpSession 接口：用于标识客户端并存储有关客户端的信息。

(2) HttpSessionAttributeListener 接口：实现这个侦听接口，用于获取会话的属性列表改变的通知。

(3) HttpServletResponse 接口：扩展 ServletResponse 接口，提供 Http 特定的发送相应的功能。

(4) HttpServletRequest 接口：扩展 ServletRequest 接口，为 HttpServlet 提供 HTTP 请求信息。

(5) Cookie 类：创建一个 Cookie，用于存储 Servlet 发送给客户端的信息。

(6) HttpServlet 类：扩展了 GenericServlet 的抽象类，用于扩展创建 HttpServlet。

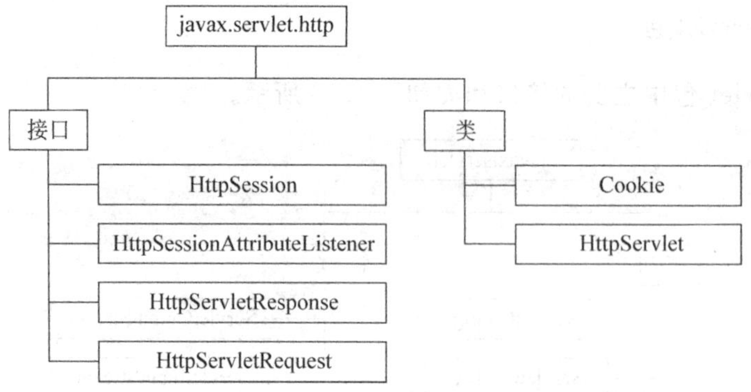

图 1.37 javax. servlet. http 包

3. ServletRequest 对象

从客户端发送的请求信息将会被封装在 ServletRequest 对象中。通常可以通过以下的方法获取封装的数据。

(1) `public String getParameter(String name)`

此方法可以通过参数名获取某个参数的值，如果对应参数不存在，则返回 null。

(2) `public String[] getParameterValues(String name)`

此方法可以通过参数名获取一个参数的多个对应值，如果对应参数不存在，则返回 null。

(3) `public java.util.Enumeration getParameterNames()`

此方法可以返回所有参数的名字。

除了上述 3 个方法外，ServletRequest 对象的主要方法如表 1.2 所示。

表 1.2 ServletRequest 对象的主要方法

方法名	参数	返回值	说明
getMethod	无	String	返回当前访问方法(GET、POST)
getPathInfo	无	String	获取请求的路径信息
getQueryString	无	String	获取查询参数
getParameterMap	无	Map	获取参数值对集合

(1) 示例一：使用 getParameter 传递一个参数。

步骤一：通过主页面 index. html 输入用户名，代码如下。

```
//index.html
<html>
<head>
<title>传递一个参数</title>
</head>
<body>
<form name="test" action="parameter" method="get">
请输入用户名：
<input type="text" name="uname">
<input type="submit" value="提交">
</form>
</body>
</html>
```

步骤二：编写一个 Servlet 类，在该类中通过 getParameter 方法获得该参数，代码如下。

```
//ParameterDemo.java
package parameterdemo;
import javax.servlet.*;
import javax.servlet.http.*;
import java.io.*;
public class ParameterDemo extends HttpServlet
{
public void init(){
}
public void doGet(HttpServletRequest request,HttpServletResponse response)
throws ServletException,IOException
{
response.setContentType("text/html;charset=GBK");
PrintWriter out=response.getWriter();
String uname=request.getParameter("uname");
                    //通过参数名称(即在表单中控件的 name 属性值)获得参数值
out.println("您的用户名是"+uname);
}
}
```

步骤三：修改 web.xml 文档。启动服务，进行访问，运行结果如图 1.38 和图 1.39 所示。

```
//web.xml
<?xml version="1.0" encoding="UTF-8"?>
<web-app>
<servlet>
<servlet-name>parameterdemo</servlet-name>
<servlet-class>parameterdemo.ParameterDemo</servlet-class>
</servlet>
<servlet-mapping>
<servlet-name>parameterdemo</servlet-name>
<url-pattern>/parameter</url-pattern>
</servlet-mapping>
</web-app>
```

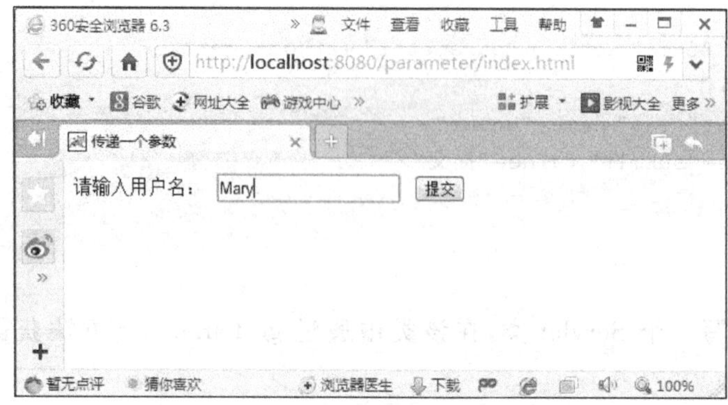

图 1.38　访问主页

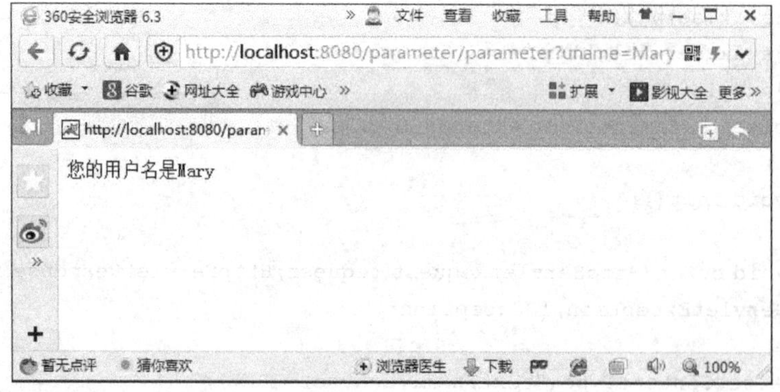

图 1.39　访问结果

(2) 示例二：使用 getParameterValues 传递多个参数。

步骤一：通过主页面 index.html 选择爱好，代码如下。

```
//index.html
```

```
<html>
<head>
<title>传递多个参数</title>
</head>
<body>
<form action="parameter" name="test" method="get">
选择您的爱好<br>
<input type="checkbox" name="fond" value="sport">体育</input>
<input type="checkbox" name="fond" value="music">音乐</input>
<input type="checkbox" name="fond" value="calligraphy">书法</input>
<input type="checkbox" name="fond" value="paint">美术</input>
<input type="checkbox" name="fond" value="reading">看书</input>
</br>
<input type="submit" value="提交">
</form>
</body>
</html>
```

步骤二：编写一个 Servlet 类，在该类中通过 getParameterValues 获得用户的多个选择结果，代码如下。

```
//ParameterDemo.java
package parameterdemo;
import javax.servlet.*;
import javax.servlet.http.*;
import java.io.*;
public class ParameterDemo extends HttpServlet
{
public void init(){ }
public void doGet(HttpServletRequest request,HttpServletResponse response)
throws ServletException,IOException
{
response.setContentType("text/html;charset=GBK");
PrintWriter out=response.getWriter();
String[] fond=request.getParameterValues("fond");
out.println("您的爱好是:<br>");
String str;
for(int i=0;i<fond.length;i++)
{
if("sport".equals(fond[i])){
str="体育";}
else if("music".equals(fond[i])){
str="音乐";}
else if("calligraphy".equals(fond[i])){
str="书法";
}
```

```
else if("paint".equals(fond[i])){
str="美术";}
else{
str="看书";}
out.println(str+"<br/>");
}
}
public void destroy(){ }
}
```

步骤三：修改 web.xml 文档。启动服务，进行访问，运行结果如图 1.40 和图 1.41 所示。

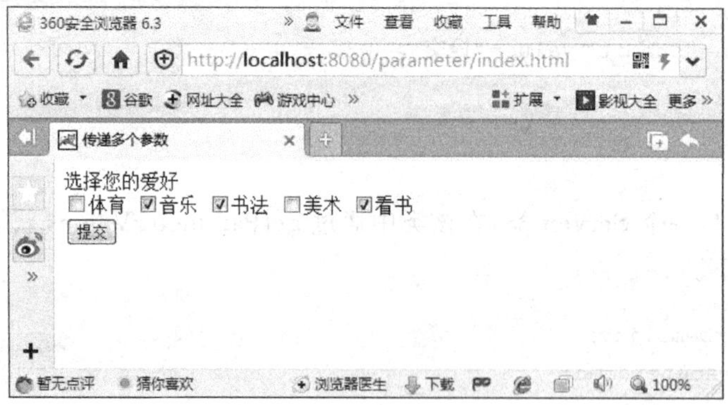

图 1.40 访问主页

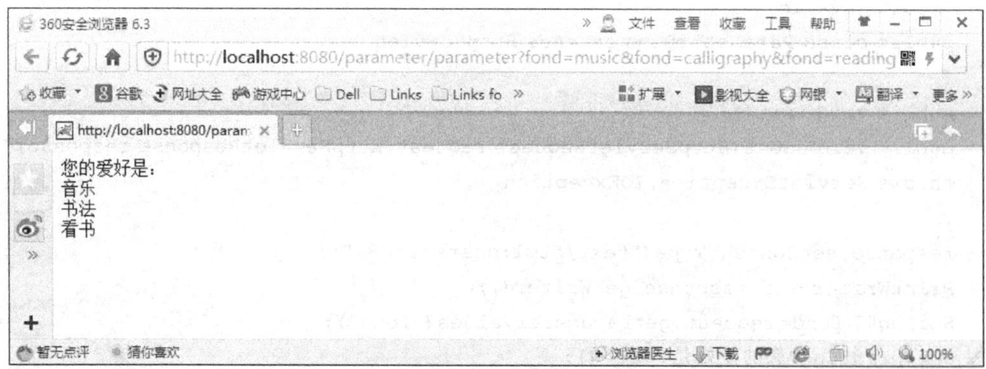

图 1.41 多参数传递结果

4. ServletResponse 对象

Servlet 主要通过 ServletResponse 对象封装对用户的响应信息，再由 Web 服务器发送给客户端。该对象常用的方法如下。

1) `public void setContentType(String contentType)`

此方法用于设定返回内容的类型。如：

```
response.setContentType("text/html;charset=GB2312")
```

或

```
response.setContentType("application/pdf")
```

表明返回文件类型是 PDF 格式，而

```
response.setContentType("text/html;charset=GBK")
```

表明返回一些字符文本信息。

2) `public void sendRedirect(String url)`

此方法用于重定向到参数指定的网页。

3) `public void setHeader(String header,String value)`

此方法用指定的名称和值设置响应标题。

4) `public void addHeader(String header,String value)`

此方法用于将名称和值添加到响应标题中。

5. ServletConfig 对象

ServletConfig 对象中包含了 Servlet 的初始化参数信息，此外，ServletConfig 对象还与当前 Web 应用的 ServletContext 对象关联。调用 Servlet 对象的 getServletConfig()方法可以获得容器传递给 Servlet 的 ServletConfig 对象的引用，即：

```
ServletConfig config=getServletConfig();
```

ServletConfig 对象的主要方法如下。

1) `public String getServletName()`

获取 Servlet 实例的名字，即 web. xml 文件中相应<servlet>元素的<servlet-name>子元素的值。如果没有为 Servlet 配置<servlet-name>子元素，则返回 Servlet 类的名字。

2) `public String getInitParameter(String name)`

根据给定的初始化参数名，返回匹配的初始化参数值。

3) `public java.util.Enumeration getInitParameterNames()`

返回一个 Enumeration 对象，里面包含所有初始化参数名。

4) `public ServletContext getServletContext()`

返回一个 Servlet，用来与其容器交互的 ServletContext 对象。

示例：使用 ServletConfig 对象的 getInitParameter 方法读取初始化参数。

步骤一：在 web. xml 中设置初始化参数，代码如下。

每个初始化参数包括一对参数名和参数值。在 web. xml 文件中配置一个 Servlet

时,可以通过<init-param>元素设置初始化参数。<init-param>元素的<param-name>子元素设定参数名,<param-value>子元素设定参数值。<init-param>元素是<servlet>元素的子元素。

```
<?xml version="1.0" encoding="GBK"?>
<web-app>
<servlet>
<init-param>
<param-name>liaoning</param-name>
<param-value>沈阳</param-value>
</init-param>
<init-param>
<param-name>shandong</param-name>
<param-value>济南</param-value>
</init-param>
<init-param>
<param-name>hubei</param-name>
<param-value>武汉</param-value>
</init-param>
<init-param>
<param-name>hunan</param-name>
<param-value>长沙</param-value>
</init-param>
<init-param>
<param-name>guizhou</param-name>
<param-value>贵阳</param-value>
</init-param>
<servlet-name>configparamdemo</servlet-name>
<servlet-class>configparamdemo.ConfigParamDemo</servlet-class>
</servlet>
<servlet-mapping>
<servlet-name>configparamdemo</servlet-name>
<url-pattern>/config</url-pattern>
</servlet-mapping>
</web-app>
```

步骤二:通过主页面 index. html 输入初始化参数名,代码如下。

```
//index.html
<html>
<head>
<title>使用 ServletConfig 读取初始化参数</title>
</head>
<body>
<form action="config" name="test" method="get">
```

```
请选择省份:
<select name="param">
<option value="liaoning">辽宁</option>
<option value="shandong">山东</option>
<option value="hubei">湖北</option>
<option value="hunan">湖南</option>
<option value="guizhou">贵州</option>
</select>
<br>
<input type="submit" value="省会">
</form>
</body>
</html>
```

步骤三:编写一个 Servlet 类,用于获取初始化参数值,代码如下。

```
//ConfigParamDemo.java
package configparamdemo;
import javax.servlet.*;
import javax.servlet.http.*;
import java.io.*;
public class ConfigParamDemo extends HttpServlet
{
public void init(){ }
public void doGet(HttpServletRequest request,HttpServletResponse response)
throws ServletException,IOException
{
response.setContentType("text/html;charset=GBK");
PrintWriter out=response.getWriter();
ServletConfig config=this.getServletConfig();
if(request.getParameter("param")!="")
{
String param=request.getParameter("param");
String value=config.getInitParameter(param);
if(value!=null){
out.println("省会为: "+value);
}
else
{
out.println("初始化参数中没有名为: "+param+"的省份");
}
}
else
{out.println("请选择省份!");
}
```

```
    }
}
```

步骤四：启动服务，进行访问，运行结果如图 1.42 和图 1.43 所示。

图 1.42　访问主页

图 1.43　获取参数结果

本项目只介绍 Servlet API 中的 3 个对象：ServletRequest、ServletResponse 和 ServletConfig，其他的将在项目 2 中继续介绍。

任务 1.3.6　登录验证器的编写

步骤一：在 MySQL 的 test 库中建立一张用户表 users，代码如下。

```
//建表 users
create table test.users(
uname varchar(10),
upass varchar(10)
);
insert into test.users values('abc','abc');
```

步骤二：编写一个数据库访问类 DBAccess，该类可以对数据库进行插入、更新、查询等操作，代码如下。

```
//DBAccess.java
package dbaccess;
import java.sql.*;
public class DBAccess
{
String driver="com.mysql.jdbc.Driver";
String url="jdbc:mysql://localhost:3306/test";
String user="root";
String password="123456";
Connection conn=null;
Statement stmt=null;
public void init()
{
try{
Class.forName(driver);                                          //加载并注册驱动程序
conn=DriverManager.getConnection(url, user, password);  //建立连接
stmt=conn.createStatement();                                    //创建 Statement 对象
}
catch (ClassNotFoundException e) {
System.out.println("找不到驱动程序");
e.printStackTrace();
}
catch(SQLException e){
e.printStackTrace();
}
}
public void insert(String uname,String upass)throws SQLException       //插入
{
String str="insert into users values('"+uname+"','"+upass+"')";
stmt.execute(str);
}
public void update(String uname,String upass)throws SQLException       //更新
{
String str="update users set upass='"+upass+"' where uname='"+uname+"'";
stmt.execute(str);
}
public String query1(String uname)throws SQLException   //通过用户名来查询密码
{
String str="select upass from users where uname='"+uname+"'";
ResultSet rs=stmt.executeQuery(str);
rs.next();
String result=rs.getString("upass");
```

```
return result;
}
public String query2(String uname)throws SQLException  //通过用户名来查询用户名
{
String str="select uname from users where uname='"+uname+"'";
ResultSet rs=stmt.executeQuery(str);
rs.next();
String result=rs.getString("uname");
return result;
}
public void submit()throws SQLException
{
stmt.close();
conn.close();
}
}
```

步骤三：创建首页面 index. html，能够接受用户输入用户名和密码，并发送到名为 Validate 的 Servlet 进行登录验证，代码如下。

```
//index.html
<html>
<head>
<title>登录验证</title>
</head>
<body>
<form action="validate" name="test" method="get">
用户名:<input type="text" name="uname"><br>
密码:<input type="text" name="upass"><br>
<input type="submit" value="登录">
<input type="reset" value="清空">
<br>
<a href="newuser.html">注册新用户</a>
</form>
</body>
</html>
```

步骤四：创建 Validate 类，处理请求信息，判断输入的用户名和密码是否与数据库中相匹配，匹配则跳转到 ok. html 页面，不匹配则跳转到 error. html 页面，代码如下。

```
//Validate.java
package validate;
import javax.servlet.*;
import javax.servlet.http.*;
import java.sql.*;
import java.io.*;
```

```
import dbaccess.*;
public class Validate extends HttpServlet
{
String uname=null;
String upass=null;
DBAccess dba;
public void init(){
dba=new DBAccess();
dba.init();
}
public void doGet(HttpServletRequest request,HttpServletResponse response)
throws ServletException,IOException{
uname=request.getParameter("uname");
String temppass=request.getParameter("upass");
try{
upass=dba.query1(uname).trim();                //查询是否有uname用户,有则获得密码
}
catch(SQLException e){
System.out.println(e.getMessage());
}
if(!temppass.equals(upass)) {                          //密码不正确
response.sendRedirect("error.html");
}
else {                                                 //密码正确
response.sendRedirect("ok.html");
}
}
public void doPost(HttpServletRequest request,HttpServletResponse response)
throws ServletException,IOException{
doGet(request,response);
}
}
```

步骤五：创建注册页面 newuser.html,能够接受用户输入用户名和密码,并发送到名为 Newuser 的 Servlet 进行注册,代码如下。

```
//newuser.html
<html>
<head>
<title>注册页面</title>
</head>
<body>
<form action="newuser" name="test" method="get">
用户名:<input type="text" name="uname"><br>
密码:<input type="text" name="upass"><br>
```

```
<input type="submit" value="注册">
<input type="reset" value="清空">
</form>
</body>
</html>
```

步骤六：创建 Newuser 类，处理请求信息，把输入的用户名和密码插入到数据库中。注册时需检查数据库中是否已存在要注册的用户，如果不存在，则跳转到注册成功页面，否则跳转到错误页面，代码如下。

```
//Newuser.java
package newuser;
import javax.servlet.*;
import javax.servlet.http.*;
import java.sql.*;
import java.io.*;
import dbaccess.*;
public class Newuser extends HttpServlet{
String uname=null;
String upass=null;
DBAccess dba;
public void init(){
dba=new DBAccess();
dba.init();
}
public void doGet(HttpServletRequest request,HttpServletResponse response)
throws ServletException,IOException{
String tempuname=request.getParameter("uname");
upass=request.getParameter("upass");
try{
uname=dba.query2(tempuname).trim();
}catch(SQLException e){
System.out.println(e.getMessage());
}
if(uname!=null){
response.sendRedirect("newusererror.html");
uname=null;
}
else{
try{
dba.insert(tempuname,upass);                         //插入 uname 用户
response.sendRedirect("newuserok.html");
}
catch(SQLException e){
System.out.println(e.getMessage());
```

```
}
}
}
public void doPost(HttpServletRequest request,HttpServletResponse response)
throws ServletException,IOException{
doGet(request,response);
}
}
```

步骤七：配置 web.xml 文件，代码如下。

```
//web.xml
<?xml version="1.0" encoding="UTF-8"?>
<web-app>
<servlet>
<servlet-name>validate</servlet-name>
<servlet-class>validate.Validate</servlet-class>
</servlet>
<servlet-mapping>
<servlet-name>validate</servlet-name>
<url-pattern>/validate</url-pattern>
</servlet-mapping>

<servlet>
<servlet-name>newuser</servlet-name>
<servlet-class>newuser.Newuser</servlet-class>
</servlet>
<servlet-mapping>
<servlet-name>newuser</servlet-name>
<url-pattern>/newuser</url-pattern>
</servlet-mapping>
</web-app>
```

步骤八：启动服务，进行访问，运行结果如图 1.44～图 1.49 所示。

图 1.44 首页运行结果

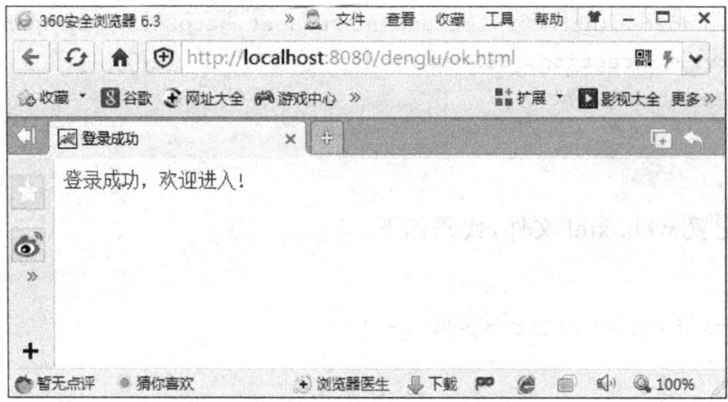

图 1.45 登录成功页面

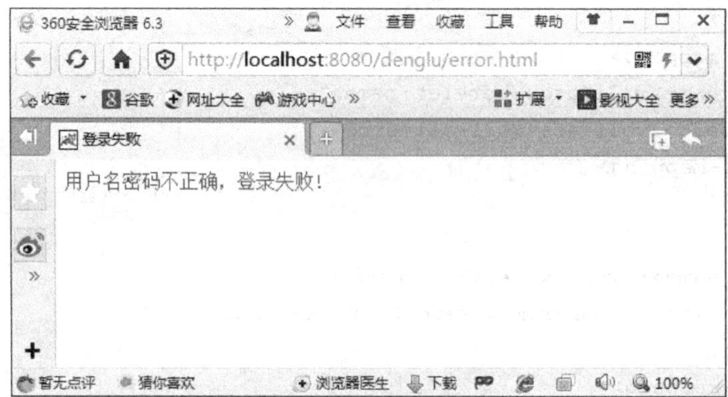

图 1.46 登录失败页面

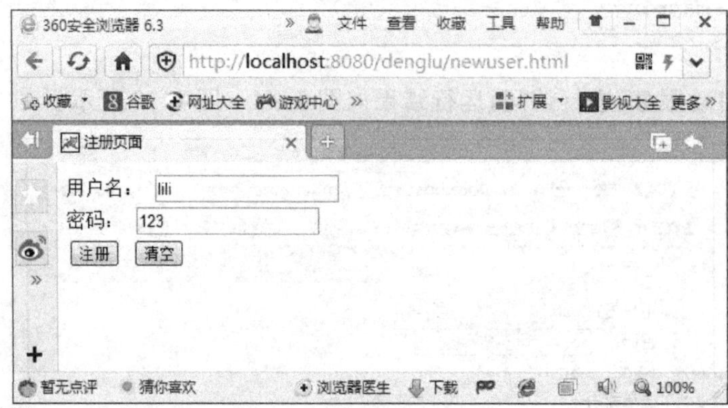

图 1.47 注册页面

图 1.48 注册成功页面

图 1.49 注册失败页面

1.4 学习总结

1. 什么是 Web?
2. C/S 结构与 B/S 结构比较。
3. Web 应用程序体系结构。
4. HTTP 协议格式。
5. Web 服务器 Tomcat 的安装与配置。
6. Servlet 是运行于服务器上的一个 Java 类。
7. Servlet 生命周期包含 3 种方法：init()、service()、destroy()。
8. Servlet API 包含于两个包中，即 javax.servlet 和 javax.servlet.http。

1.5 课后习题

1. 安装 Tomcat 服务器，并进行访问测试。
2. 修改 Tomcat 的端口号为 8000。

3. 简述 Servlet 生命周期的各个阶段。

4. ServletRequest 对象的什么方法可以接收到客户端表单提交的参数?

5. 编写一个 Servlet,显示网页的历史访问次数。

6. 编写一个 Servlet,为某公司注册用户,要求接收用户的用户名、密码、性别、年龄,并显示在屏幕上。

项目 2　网络购物车

2.1　项目描述

随着计算机的普及及网民数量的增加，网上购物已成为电子商务的一项基本任务，网络平台可以实现 C2C 模式的交易。因为业务量大，客户需求多，所以网上购物变得复杂。网络购物车具有方便快捷的特点，提高了购物效率，为顾客节省了大量时间。

本项目主要完成的功能如下。

(1) 浏览商品信息。

(2) 把商品添加到购物车中。

(3) 对购物车中的物品进行管理。

(4) 查看购物车信息。

2.2　学习目标

学习目标：

(1) 会使用服务器的各个对象。

(2) 能掌握页面跳转的方法。

(3) 能够正确识别 Servlet 间传递参数三种方法的区别。

(4) 编写网络购物车。

本项目通过完成网络购物车的编写，展开服务器应用对象、页面跳转方法、Servlet 间传递参数方法等相关知识的介绍。

2.3　项目实施

任务 2.3.1　服务器应用对象

在 Web 应用程序中，服务器端需要记录客户端的信息，维持客户端的会话。比如某学习网站只有会员才可以下载学习资源，服务器就要记录已登录的会员信息，以便判断是否有资格下载。但是，客户端是通过浏览器与服务器端交互的，采用的是 HTTP 协议，而该协议是无状态的协议，如何保存用户的会话信息呢？另外，不同的 Web 组件之间又是如何共享数据对象信息的呢？这些都是 Web 应用中必须解决的。解决的方法就是通过相应的数据存储机制来管理这些数据信息。在 Web 应用中，不同的 Web 组件之间传递数据信息可以采用不同的对象类型，即服务器应用对象。

服务器应用对象主要有 6 个，分别是 ServletRequest、ServletResponse、ServletConfig、

ServletContext、HttpSession 和 out。它们的作用、使用范围和常用方法如表 2.1 所示。

表 2.1 服务器应用对象列表

对 象 名 称	作 用	使用范围	常 用 方 法
HttpServletRequest requestServletRequest request	传递参数,主要是向服务器传递客户端参数以及在 Servlet 之间传递参数	一次请求范围内有效	setAttribute—设置参数 getAttribute—获得参数
HttpServletResponse responseServletResponse response	回应客户端请求,主要用来传递服务器对客户端响应	一次请求范围内有效	sendRedirect—页面重定向
HttpSession session=request. getSession();这里的 request 为 HttpServletRequest 的实例	主要储存一次会话中的数据信息,也可以传递参数,在会话范围内	一次会话范围内有效	setAttribute—设置参数 getAttribute—获得参数 removeAttribute—移除参数
PrintWriter out=response. getWriter();这里的 response 为 HttpServletResponse 的实例	主要用于向客户端输出信息		println—输出文本到页面
ServletContext	提供对应用程序所有 Servlet 所共有的各种资源和功能的访问	一个应用程序运行范围内有效	setAttribute—设置参数 getAttribute—获得参数

上个项目已经对表 2.1 中的 ServletRequest 和 ServletResponse 两个对象进行了详细介绍,这里不再重复。需要注意的一个问题就是它们的使用范围。另外,out 对象主要是通过 print()方法和 println()方法向客户端输出信息的,使用比较简单,也不会涉及使用范围。下面只对另外两个对象进行介绍。

1. ServletContext 对象

ServletContext 对象,可以用来存储整个 Web 应用的相关信息,全局共享的数据可以存放其中。

在一个 Web 服务器中,每个 Web 应用程序都与一个上下文(Context)环境关联,且不同的 Web 应用之间是彼此独立的。在 Java Web 应用中,上下文环境与一个 ServletContext 对象相对应,也就是说,每个部署在服务器中的 Web 应用,服务器都会为此创建一个独立的 ServletContext 对象。在同一个 Web 应用下的所有 Web 资源,都可以共享使用存储在 ServletContext 对象中的数据,并且 ServletContext 对象对于一个 Web 应用来说是唯一的。

在 Servlet 中,可以通过以下两种方式获取 ServletContext 对象的引用。

1) 从 ServletConfig 对象中获取

```
ServletConfig config=getServletConfig();
ServletContext context=config.getServletContext();
```

2) 从 HttpServlet 对象中获取

```
ServletContext context=getServletContext();
```

ServletContext 对象提供了很多方法，大致可以分为以下几类。

1）用于在 Web 应用范围内存取共享数据的方法

(1) public void setAttribute(String name, java. lang. Object object)：把一个 Java 对象与一个属性名绑定，并把它存入 ServletContext 中。参数 name 指定属性名，参数 object 表示共享数据。

(2) public void getAttribute(String name)：根据参数给定的属性名返回一个 Object 类型的对象，它表示 ServletContext 中与属性名匹配的属性值，如没有匹配，则返回 null。

(3) public Enumeration getAttributeNames()：返回一个 Enumeration 对象，该对象包含了所有存放在 ServletContext 中的属性名。

(4) public void removeAttribute(String name)：根据参数指定的属性名，从 ServletContext 中删除匹配的属性。

2）用于获取与服务器相关信息的方法

(1) public String getServerInfo()：返回 Servlet 容器的名字和版本号。

(2) public String getServletContextName()：返回 Web 应用程序的名字，即 web. xml 文件中<display-name>元素的值。

(3) public int getMajorVersion()和 public int getMinorVersion()：返回 Servlet 容器支持的 Java Servlet API 的主版本号和次版本号。

3）与上下文初始参数相关的方法

(1) public String getInitParameter(String name)：根据给定的初始化参数名返回 Web 应用范围内匹配的初始化参数值。在 web. xml 文件中，直接在<web-app>根元素下定义的<context-param>元素表示应用范围内的初始化参数，它包含两个子元素：<param-name>指定上下文参数名；<param-value>指定上下文参数值。

(2) public java. util. Enumeration getInitParameterNames()：返回一个 Enumeration 对象，它包含了 Web 应用范围内的所有初始化参数名。

4）与本地资源路径相关的方法

(1) public String getRealPath(String path)：根据参数指定的虚拟路径返回文件系统中一个真实的物理路径。

(2) public java. net. URL getResource (String path) throws java. net. MalformedURLException：返回一个映射到参数指定路径的 URL。

(3) public java. io. InputStream getResourceAsStream(String path)：返回一个用于读取参数指定文件的输入流。

5）记录日志

(1) public void log(String msg)：向 Servlet 的日志文件中写入一条消息。

(2) public void log(String message, java. lang. Throwable throwable)：向 Servlet 的日志文件中写错误日志，以及异常的堆栈信息。以 Tomcat 服务器为例，日志文件位于<Tomcat 安装目录>\logs 目录下，日志文件的命名格式为 localhost_log. <日期>. txt，例如 localhost_log. 2014-4-26. txt。

示例：某网站的版权信息在整个 Web 应用中是相同的，可以将版权信息作为 Web

应用的上下文初始化参数,供所有 Servlet 读取。

步骤一:在 web.xml 中设置初始化参数,代码如下。

```
<?xml version="1.0" encoding="UTF-8"?>
<web-app>
<servlet>
<servlet-name>testservlet</servlet-name>
<servlet-class>testservlet.GetInitParamServlet</servlet-class>
</servlet>
<servlet-mapping>
<servlet-name>testservlet</servlet-name>
<url-pattern>/initparam</url-pattern>
</servlet-mapping>
<context-param>
<param-name>copyright</param-name>
<param-value>Copyright mycompany.com 2014 All rights are reserved.</param-value>
</context-param>
</web-app>
```

步骤二:编写一个 Servlet 类,用于读取上下文初始化参数,代码如下。

```
//GetInitParamServlet.java
package testservlet;
import javax.servlet.*;
import javax.servlet.http.*;
import java.io.*;
import java.util.*;
public class GetInitParamServlet extends HttpServlet
{
public void init(){ }
public void doGet(HttpServletRequest request,HttpServletResponse response)
throws ServletException,IOException{
response.setContentType("text/html;charset=GBK");
PrintWriter out=response.getWriter();
ServletContext context=this.getServletContext();
Enumeration e=context.getInitParameterNames();    //获得初始参数名称的枚举表
out.println("ServletContext 初始化参数: "+"<br/>");
while(e.hasMoreElements()){
String paramName=(String)e.nextElement();
String paramValue=context.getInitParameter(paramName);
out.println(paramName+":"+paramValue+"<br/>");
}
}
}
```

步骤三:启动服务,进行访问,运行结果如图 2.1 所示。

图 2.1 读取上下文初始化参数

2. HttpSession 对象

1) 了解 HttpSession 对象

Session(会话),是指一个终端用户与交互系统进行通信的时间间隔,通常指从注册进入系统到注销退出系统之间经过的时间。

Web 应用程序使用 HTTP 协议传输,而 HTTP 协议是一个无状态协议,即服务器一旦响应完客户的请求后,就断开了会话的网络连接。想要保存一个客户端一次会话的信息,则需要 Session 对象来跟踪同一客户端的相关信息。

Servlet API 定义了一个 HttpSession 接口,允许 Servlet 容器针对每一个用户建立一个 HTTP 会话(即 HttpSession 对象)。同时,HttpSession 对象提供了和 ServletContext 对象相似的一组会话属性方法,这样就可以很容易地在服务器端存放用户会话状态。

2) HttpSession 对象的创建

HttpSession 对象是由 Web 服务器创建的,在 Servlet 中可以通过 HttpServletRequest 对象的 getSession()方法获取,此方法的两种声明如下。

(1) public HttpSession getSession():返回与当前请求相关联的会话,如果当前请求还没有一个相关联的会话,就创建一个 HttpSession 对象并返回。

(2) public HttpSession getSession(boolean create):返回与当前请求相关联的会话对象。如果当前请求还没有一个相关联的会话,且参数为 true,则创建一个 HttpSession 对象并返回。如果参数为 false,且请求没有相关联的会话对象,将返回 null。

3) HttpSession 对象的重要方法

(1) public void setAttribute(String name, java.lang.Object object):将一个对象绑定到 HttpSession 对象,使之成为一个会话属性。参数 name 指定属性名。

(2) public void getAttribute(String name):返回由 name 指定的会话属性,如果 name 指定的属性不存在,将返回 null。

(3) public Enumeration getAttributeNames():返回一个 Enumeration 对象,该对象包含了所有存放在会话中的属性名。

(4) public void removeAttribute(String name):根据参数指定的属性名,从会话中

删除匹配的属性。

(5) public void invalidate()：使某个会话终止，并且删除绑定在其上的所有数据信息。

(6) public void setMaxInactiveInterval(int interval)：设置某个会话的超时时间，单位为秒。

(7) public String getId()：返回分配给这个会话的唯一标识符。这个唯一标识符就是和特定客户端关联的 Session ID。Web 服务器保证生成不同客户端 ID 的唯一性，这些 ID 值将会在客户端请求中传递给 Web 服务器，以便让 Web 服务器区分不同的客户端。

(8) public ServletContext getServletContext()：返回与此会话所属的应用程序关联的 ServletContext 对象。

4) HttpSession 的销毁

在 Web 应用中，客户端的数目是不确定的，当大量用户登录系统时，Web 服务器可能会创建大量的 Session 对象，对系统的性能产生一定影响。适当的销毁那些不再需要的 Session 对象，释放内存，也是 Web 开发中需要关注的问题。系统创建了一个 Session 对象后，有以下 3 种方式可以销毁它。

(1) 会话过期

每一个会话都有一个存活的期限，此期限表示客户端与服务器没有任何交互的最大时间间隔。也就是说，如果超过规定期限，服务器将会销毁当前所创建的 Session 对象，称此为 Session 过期。

会话过期时间设置的方法有两种：一种是在应用程序中，通过 HttpSession 中的 setMaxInactiveInterval(int interval) 设置一个负数，表示永不过期，但是设置为零，Session 会立即失效。另一种是在 web. xml 中配置其过期时间，如下所示。

```
<session-config>
<session-timeout>10</session-timeout>
</session-config>
```

其时间单位为分钟，上例表示其过期时间为 10 分钟。如果配置为一个负数或零，表示永不过期。

(2) 客户端关闭浏览器

(3) 调用方法 invalidate()

3. 对象的使用范围

下面通过两个例子来理解 ServletContext 对象和 HttpSession 对象的使用范围。

(1) 示例一：使用 ServletContext 对象实现一个公共累加器。

步骤一：创建主页面 index. html，代码如下。

```
//index.html
<html>
<head><title>公共累加器</title></head>
```

```
<body>
<form action="publicsum">
输入累加数字:<input type="text" name="number">
<input type="submit" value="累加计算">
</form>
</body>
</html>
```

步骤二：编写一个 Servlet 类，实现累加的功能，代码如下。

```
//PublicSum.java
package publicsum;
import javax.servlet.*;
import javax.servlet.http.*;
import java.io.*;
public class PublicSum extends HttpServlet{
ServletContext sc;                                    //声明
public void init(){
sc=this.getServletContext();                          //实例化
}
public void doGet(HttpServletRequest request,HttpServletResponse response)
throws ServletException,IOException{
int count;
response.setContentType("text/html;charset=GBK");
PrintWriter out=response.getWriter();
String str=request.getParameter("number");
                                  //通过表单中的控件名称获得控件的 value 值
int num=Integer.parseInt(str);           //字符串型转变为整型
String o=(String)sc.getAttribute("count");
          //返回 Servlet 上下文中 count 的对象,如没有 count 的对象,则返回 null
if(o!=null) {  //如果在当前服务器中,曾调用过该应用程序,则有 count 的对象。
count=Integer.parseInt(o);
}
else{
count=0;
}
count+=num;
String result=String.valueOf(count);               //整型转变为字符串型
sc.setAttribute("count",result);
                     //把 result 对象的值赋给 count 对象,即 count 的值为 result 的值
out.println("现在的累加结果是"+count);
}
public void destroy(){
}
}
```

步骤三：编写 web.xml 配置文件，代码如下。

```
//web.xml
<?xml version="1.0" encoding="UTF-8"?>
<web-app>
<servlet>
<servlet-name>publicsum</servlet-name>
<servlet-class>publicsum.PublicSum</servlet-class>
</servlet>
<servlet-mapping>
<servlet-name>publicsum</servlet-name>
<url-pattern>/publicsum</url-pattern>
</servlet-mapping>
</web-app>
```

步骤四：启动服务，进行访问，运行结果如图 2.2～图 2.5 所示。

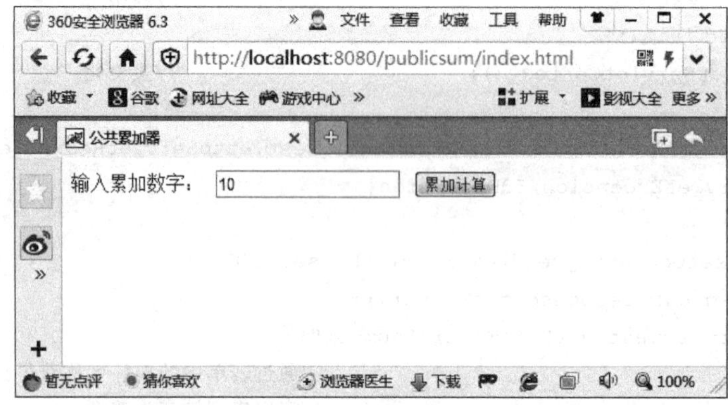

图 2.2　运行首页面

图 2.3　计算结果显示

只要不关闭服务器，即在该应用程序范围内，无论打开或关闭多少个浏览器，该结果都将一直公共累加下去。只有当服务器关闭后，结果才从头累加。

图 2.4 多个浏览器运行

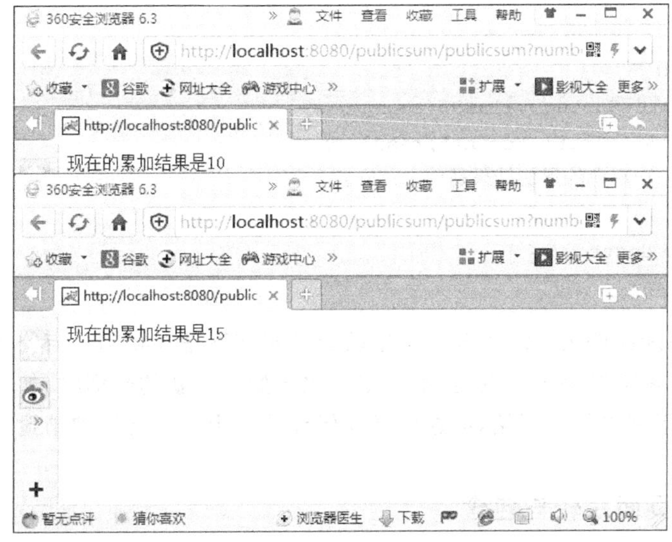

图 2.5 多个浏览器运行的结果

(2) 示例二：使用 HttpSession 对象实现私人累加器。

本例和上例中使用 ServletContext 完成的公共累加器基本相同，不同的就是把累加变量存储在 Session 范围内，实现不同的会话，使用不同的累加变量，从而互相之间没有影响。实现步骤同上例，只要对 Servlet 类进行修改即可，代码如下。

```
//PrivateSum.java
package privatesum;
import javax.servlet.*;
import javax.servlet.http.*;
```

```
import java.io.*;
public class PrivateSum extends HttpServlet{
public void init(){ }
public void doGet(HttpServletRequest request,HttpServletResponse response)
throws ServletException,IOException{
int count;
response.setContentType("text/html;charset=GBK");
PrintWriter out=response.getWriter();
String str=request.getParameter("number");
                                        //通过表单中的控件名称获得控件的 value 值
int num=Integer.parseInt(str);
HttpSession session=request.getSession();           //创建对象
String o=(String)session.getAttribute("count");     //返回由 count 指定的会话属性
if(o!=null){
count=Integer.parseInt(o);
}
else{
count=0;
}
count+=num;
String result=String.valueOf(count);
session.setAttribute("count",result);
out.println("现在的累加结果是"+count);
}
public void destroy(){ }
}
```

这个私人累加器的运行结果和上例中的公共累加器基本相同。与公共累加器中所有访问共享同一个累加结果不同的是，本例中每次开始一个新的会话时，如重新开启一个浏览器，累加的结果都将从头开始，但这里必须保证前一个会话已经被销毁。

任务 2.3.2 页面跳转与包含

1. 页面跳转

Servlet 请求资源的跳转一共有 2 种方式：重定向和转发。

1) Servlet 请求重定向

在 Servlet 中，需要使用 ServletResponse 对象的 sendRedirect(String url)，将用户重定向到 url 指定的新的网页。语法如下。

```
response.sendRedirect(String url);
```

参数 url 表示想要跳转资源的相对地址或其他服务器上的绝对地址。例如，想要从 Servlet1 中将请求重定向到 Servlet2，可以在 Servlet1 中这样描述：response.

sendRedirect("Servlet2")。同样，如果想把请求跳转到其他服务器上的资源，例如 www.baidu.com，必须使用绝对地址，response.sendRedirect("http://www.baidu.com")。请求重定向的基本原理是把当前响应返回到浏览器，再通过浏览器发送一个新的资源请求到指定的地址，如图 2.6 所示。

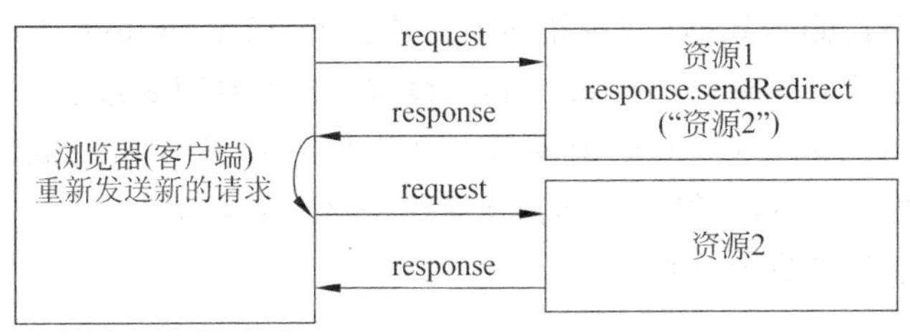

图 2.6 请求重定向

2）Servlet 请求转发

Servlet 请求转发与 Servlet 请求重定向较为相似，是把当前的请求转发到另外一个资源。Servlet 中是使用一个 RequestDispatcher 对象的 forward 方法来转发请求资源的。RequestDispatcher 的获取需要调用 ServletRequest 的 getRequestDispatcher 方法，并提供相对地址。得到 RequestDispatcher 后，则可以使用该对象的 forward 方法转到相关的地址，要提供 HttpServletRequest 和 HttpServletResponse 两个对象作为参数。语法如下。

```
RequestDispatcher dispatcher=request.getRequestDispatcher(String url);
Dispatcher.forward(request,response);
```

在 Servlet 中，可以通过两种方式获取 RequestDispatcher 对象，语法如下。

```
HttpServletRequest.getRequestDispatcher(String url);
ServletContext.getRequestDispatcher(String url);
```

这两种转向方式有一些区别，通过第一种方式转向的地址 URL 可以是针对此 Servlet 的相对路径，而第二种则必须是针对 Web 应用的绝对路径。所以，使用第一种方法时，url 可以不加上表示路径的上下文信息符号"/"，第二种方式则必须加上"/"。例如，同样是转向 index.html，使用两种方式分别表示如下。

```
//通过 request 获取 RequestDispatcher 对象，没有"/"表示相对于请求上下文的路径
RequestDispatcher rs=request.getRequestDispatcher("index.html");
//转向特定资源
rs.forward(request,response);
//在 Servlet 中获取 ServletContext 对象
ServletContext servletContext=getServletContext();
//通过 ServletContext 获取 RequestDispatcher 对象，含有"/"表示 Web 应用上下文路径
RequestDispatcher rs=servletContext.getRequestDispatcher("/index.html");
rs.forward(request,response);
```

这两种形式转向的页面是 index.html，但系统寻找的路径不一样。对于第一种通过

request 转向的 index. html，系统将会在此 Servlet 所在的上下文路径中去读取。例如，某 Servlet 匹配的 URI 路径为“/servlet/test”，那么通过 request. getRequestDispatcher (“indext. html”)获取的 index. html 资源将会在 Web 应用目录下的“Servlet”文件夹下寻找 index. html，如果 index. html 放在 Web 应用的根目录下，就需要设置路径为“/indext. html”，这样就与 ServletContext 使用相同了。通过 ServletContext 对象转向的特定资源必须加上“/”，因为对于 ServletContext 而言，没有相对路径可获取。

request 对象与 ServletContext 对象都可以从 Servlet 程序中获取。请求转发 url 只能是本应用程序类的资源，不能请求到其他应用程序上的资源。

请求转发的原理如图 2.7 所示。

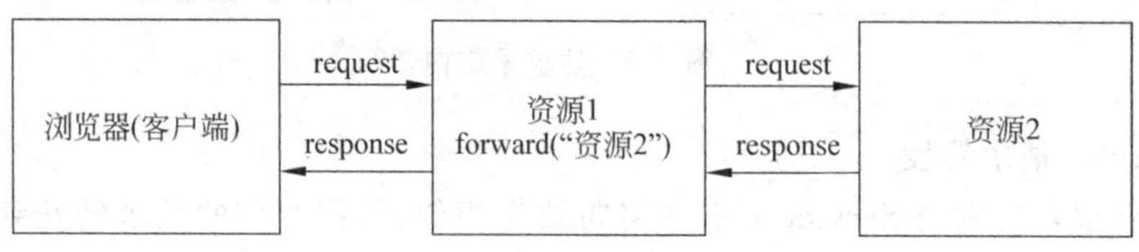

图 2.7 请求转发

3）请求转发与重定向的区别

尽管请求转发与重定向都可以将请求发送给另外一个请求资源，但是它们存在一些区别。从图 2.6 中可以看到，请求重定向是发送一个新的请求到其他资源，所以请求资源 1 和请求资源 2 分别使用了不同的 request 对象。而图 2.7 所示的请求转发则是在当前的请求基础上直接转向另一个资源，中间不再创建新的请求，使用的是相同的 request 对象。所以需要保存请求的相关信息时，一般使用请求转发。

这两种跳转方式还有一个主要区别：重定向会引入新的请求/响应，用户的 URL 将显示一个跳转后新的地址。而使用转发方法时，用户的 URL 将不会改变，即浏览器地址栏中的地址保持不变。

2. Servlet 请求资源包含

在 Servlet 中，除了可以将请求转发到其他 Web 资源外，还可以在一个资源中引用另一资源。例如，在 Servlet 输出某一页面时，页面可能含页眉、页脚和正文。在一般的页面中，变化的多是正文，而页眉、页脚却保持不变，所以可以将输出页面分成 3 个部分，将页眉和页脚部分单独提取出来，输出整个页面时再将其包含进来。在 Servlet 中，可以使用如下方式包含一个资源。

```
RequestDispatcher rd=request.getRequestDispatcher("包含的资源路径");
rd.include(request,response);
```

这里和上面讨论的转到其他页面一样，都是通过 RequestDispatcher 对象的相关方法执行的。RequestDispatcher 对象可以通过 request 或 ServletContext 对象获取，它们之间的区别与请求转向中分析的区别是相同的。

示例：定义 3 个 Servlet 类，一个输出页眉，一个输出页脚，另外一个为首页面输出，需要包含前 2 个 Servlet 的输出结果。具体实现代码部分如下。

```
//Top.java
package myweb;
import javax.servlet.*;
import javax.servlet.http.*;
import java.io.*;
public class Top extends HttpServlet
{
public void init() throws ServletException{
}
public void doGet(HttpServletRequest request,HttpServletResponse response)
throws ServletException,IOException
{
response.setContentType("text/html;charset=GBK");
PrintWriter out=response.getWriter();
out.println("<h2>页眉</h2>");
out.println("<hr/>");
}
public void doPost(HttpServletRequest request,HttpServletResponse response)
throws ServletException,IOException
{
doGet(request,response);
}
public void destroy(){
}
}
```

下面是简单的页脚输出 Servlet 代码。

```
//Bottom.java
package myweb;
import javax.servlet.*;
import javax.servlet.http.*;
import java.io.*;
public class Bottom extends HttpServlet
{
public void init() throws ServletException{
}
public void doGet(HttpServletRequest request,HttpServletResponse response)
throws ServletException,IOException
{
response.setContentType("text/html;charset=GBK");
PrintWriter out=response.getWriter();
```

```
out.println("<hr/>");
out.println("<h2>页脚</h2>");
}
public void doPost(HttpServletRequest request,HttpServletResponse response)
throws ServletException,IOException
{
doGet(request,response);
}
public void destroy(){
}
}
```

主页面通过 include 方法,将以上输出的两个 Servlet 资源包含在其中,代码如下。

```
//Index.java
package myweb;
import javax.servlet.*;
import javax.servlet.http.*;
import java.io.*;
public class Index extends HttpServlet
{
public void init() throws ServletException{
}
public void doGet(HttpServletRequest request,HttpServletResponse response)
throws ServletException,IOException
{
response.setContentType("text/html;charset=GBK");
PrintWriter out=response.getWriter();
out.println("<html>");
out.println("<head><title>Index</title></head>");
out.println("<body>");
request.getRequestDispatcher("top").include(request,response);
out.println("<h1>欢迎光临本站点!</h1>");
request.getRequestDispatcher("bottom").include(request,response);
out.println("</body>");
out.println("</html>");
out.close();
}
public void doPost(HttpServletRequest request,HttpServletResponse response)
throws ServletException,IOException
{
doGet(request,response);
}
public void destroy(){
```

```
    }
}
```

上述代码中粗体部分分别包含了 top 和 bottom 资源，“top”和“bottom”分别是页眉和页脚所对应 Servlet 的匹配路径，具体 Servlet 的配置说明如下。

```
//web.xml
<?xml version="1.0" encoding="UTF-8"?>
<web-app>
<display-name>myweb</display-name>
<servlet>
  <servlet-name>top</servlet-name>
  <servlet-class>myweb.Top</servlet-class>
</servlet>
<servlet-mapping>
  <servlet-name>top</servlet-name>
  <url-pattern>/top</url-pattern>
</servlet-mapping>

<servlet>
<servlet-name>bottom</servlet-name>
<servlet-class>myweb.Bottom</servlet-class>
</servlet>
<servlet-mapping>
  <servlet-name>bottom</servlet-name>
  <url-pattern>/bottom</url-pattern>
</servlet-mapping>

<servlet>
  <servlet-name>index</servlet-name>
  <servlet-class>myweb.Index</servlet-class>
</servlet>
<servlet-mapping>
  <servlet-name>index</servlet-name>
  <url-pattern>/index</url-pattern>
</servlet-mapping>
</web-app>
```

部署此 Web 应用程序，访问 http://localhost:8080/myweb/index，显示页面如图 2.8 所示。

在 Servlet 中，除了可以包含动态资源外，还可以包含静态资源(如 html 文件等)，方法与引用动态资源相似。例如，上例包含的页眉为 top.html，那么只需将 request.getRequestDispatcher("top").include(request,response)中的 top 换为 top.html 即可。

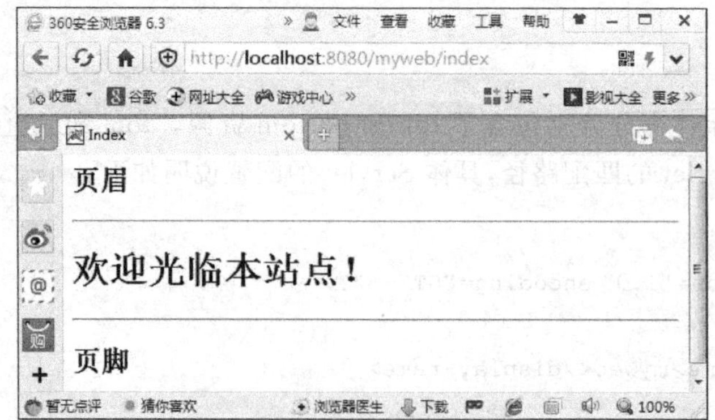

图 2.8 包含资源输出页面

任务 2.3.3 Servlet 间传递参数的方法

Servlet 之间通常可以传递 3 种应用范围的参数：应用程序范围、会话范围和请求范围。

1. 应用程序范围上参数的传递

应用程序范围上的参数，在整个应用程序范围内都可用。Servlet 中存储在 ServletContext 上的参数就属于这一类。以下例子就是将管理员设置的系统消息存储在 ServletContext 上，实现统一更新。

步骤一：编写管理员设置消息界面，代码如下。

```
//admin.html
<html>
<head>
<title>系统消息管理</title>
</head>
<body>
<form action="adminservlet">
输入系统消息：
<input type="text" name="msg">
<input type="submit" value="发布">
</form>
</body>
</html>
```

步骤二：编写管理员的 Servlet 类，代码如下。

```
//AdminServlet.java
package servletcontextparam;
import javax.servlet.*;
import javax.servlet.http.*;
import java.io.*;
import java.util.*;
```

```
import java.text.SimpleDateFormat;
public class AdminServlet extends HttpServlet
{
ServletContext sc;
public void init()
{
sc=this.getServletContext();
}
public void doGet(HttpServletRequest request,HttpServletResponse response)
    throws ServletException,IOException
{
response.setContentType("text/html;charset=GBK");
PrintWriter out=response.getWriter();
String newmsg=request.getParameter("msg");
SimpleDateFormat simpleDateFormat=new SimpleDateFormat("yyyy-MM-dd HH:mm:ss");
String date=simpleDateFormat.format(new Date());
String msg=(String)sc.getAttribute("msg");
if(msg==null)
{
String str =" 发 布 时 间 " +"              
  
       "+"发布内容"+"<br>"+date+" 
    "+newmsg;
sc.setAttribute("msg",str);
}
else
{
String str=msg+"<br>"+date+"     "+newmsg;
sc.setAttribute("msg",str);
}
out.println("设置成功");
}
}
```

步骤三：部署 Web 应用程序，启动服务器，运行管理员设置系统消息，效果如图 2.9～图 2.11 所示。

图 2.9　管理员设置消息界面 1

图 2.10　管理员设置消息界面 2

图 2.11　设置成功

步骤四：编写用户主页面，代码如下。

```
//index.html
<html>
<head>
<title>主页面</title>
</head>
<body>
<a href="userservlet">查看系统消息</a>
</body>
</html>
```

步骤五：编写用户查看系统消息的 Servlet 类，代码如下。

```
//UserServlet.java
package servletcontextparam;
import javax.servlet.*;
import javax.servlet.http.*;
import java.io.*;
public class UserServlet extends HttpServlet
```

```
{
ServletContext sc;
public void init()
{
sc=this.getServletContext();
}
public void doGet(HttpServletRequest request,HttpServletResponse response)
    throws ServletException,IOException
{
response.setContentType("text/html;charset=GBK");
PrintWriter out=response.getWriter();
String msg=(String)sc.getAttribute("msg");
out.println("<h1>"+"发布信息"+"</h1>");
out.println(msg);
}
}
```

步骤六：运行用户查看系统消息结果，如图 2.12 和图 2.13 所示。

图 2.12 用户主页面

图 2.13 用户查看系统消息结果

在上面的示例中，由于管理员设置的系统消息是保存在程序范围内的，所以无论多少用户启用多少个会话，提交多少次请求，都会看到一样的显示结果。

2. 会话范围上参数的传递

会话范围上的参数在一个用户的整个会话范围内都可用。Servlet 中存储在 HttpSession 上的参数就属于这一类。以下示例就是某一用户将想要购买的商品信息分次存储在 HttpSession 对象上，也就是网络购物中经常操作的存入购物车的过程，最后统一查看购物车中的商品。

步骤一：编写购物网站首页面，显示商品的信息，代码如下。

```
//index.html
<html>
<head>
<title>主页面</title>
</head>
<body>
<h1>产品信息</h1>
<table width="400" border="1">
<th>序号</th><th>产品名称</th><th>价格(元)</th>
<tr><td>1</td><td>海信电视机</td><td>6999.00</td></tr>
<tr><td>2</td><td>海尔洗衣机</td><td>3999.00</td></tr>
<tr><td>3</td><td>格力空调</td><td>3269.00</td></tr>
<tr><td>4</td><td>海尔热水器</td><td>2780.00</td></tr>
<tr><td>5</td><td>西门子冰箱</td><td>2780.00</td></tr>
</table>
<br>
<form action="addservlet">
输入您要购买的产品名称:<br>
<input type="text" name="product">
<input type="submit" value="添加购物车">
</form>
<form action="shoppingservlet">
<input type="submit" value="查看购物车">
</form>
</body>
</html>
```

步骤二：编写将商品信息添加至购物车的 Servlet 类，代码如下。

```
//AddServlet.java
package sessionparam;
import javax.servlet.*;
import javax.servlet.http.*;
import java.io.*;
public class AddServlet extends HttpServlet
```

```
{
public void init(){}
public void doGet(HttpServletRequest request,HttpServletResponse response)
    throws ServletException,IOException
{
response.setContentType("text/html;charset=GB2312");
PrintWriter out=response.getWriter();
HttpSession session=request.getSession();
String product=(String)request.getParameter("product");
String shopping=(String)session.getAttribute("shopping");
String newproduct=new String(product.getBytes("ISO8859_1"),"gb2312");
if(shopping==null)
{
session.setAttribute("shopping",newproduct);
}
else
{
String str=shopping+"<br>"+newproduct;
session.setAttribute("shopping",str);
}
out.println("产品已添加至购物车中!");
}
}
```

运行结果如图 2.14～图 2.16 所示。

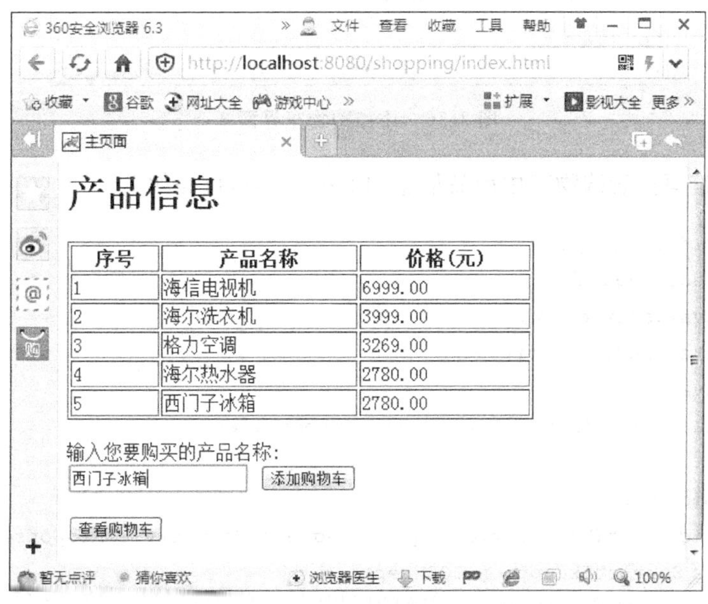

图 2.14　添加购物车界面 1

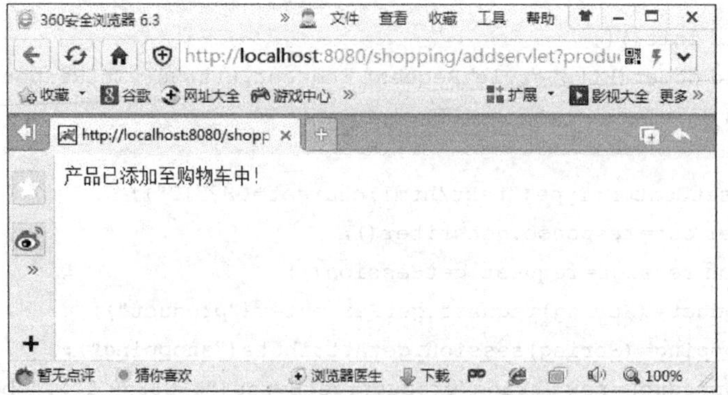

图 2.15 添加成功界面

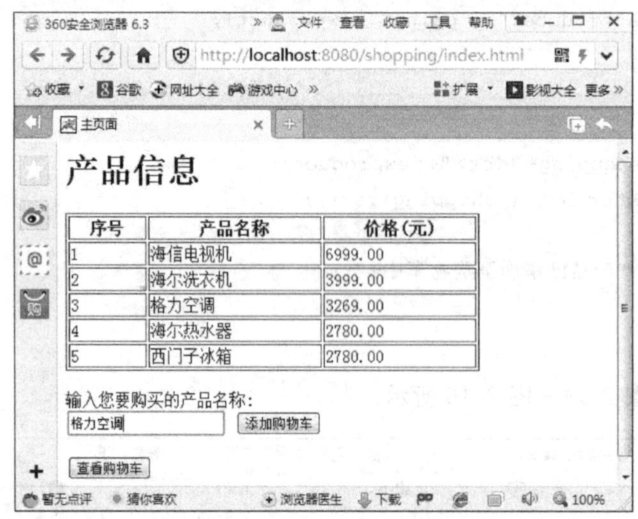

图 2.16 添加购物车界面 2

步骤三：编写查看购物车中商品信息的 Servlet 类，代码如下。

```
//ShoppingServlet.java
package sessionparam;
import javax.servlet.*;
import javax.servlet.http.*;
import java.io.*;
public class ShoppingServlet extends HttpServlet
{
public void init(){}
public void doGet(HttpServletRequest request,HttpServletResponse response)
    throws ServletException,IOException
{
response.setContentType("text/html;charset=GB2312");
PrintWriter out=response.getWriter();
```

```
HttpSession session=request.getSession();
String shopping=(String)session.getAttribute("shopping");
if(shopping==null)
{
out.println("<h1>购物车为空!</h1>");
}
else
{
out.println("<h1>购物车</h1><br>"+shopping);
}
}
}
```

运行结果如图 2.17 所示。

图 2.17　查看购物车界面

在这个示例中，参数存储在会话范围内，所以无论添加多少次商品，都会存储在一个会话中。最后查看购物车中商品信息时，可以看见此次会话过程中添加的所有商品信息。而另一个用户有自己的另一个会话，两者之间就不会互相影响，保证每个用户都只能添加和查看自己购物车中的商品信息。

当然，这个购物车示例并没有完全实现购物车的功能，例如，从购物车中删除商品、购物总价格的计算等。另外，这个示例还有一些不周全的地方，如没有考虑在文本框中输入的商品名称不存在的情况。应该说，这个示例仅仅是对会话范围上参数传递的一个诠释，对于购物车的实现，将在本项目的任务 2.3.4 中详细介绍。

3. 请求范围上参数的传递

请求范围上的参数，只在用户的一次请求范围内可用。Servlet 中存储在 ServletRequest 上的参数就属于这一类。下面这个示例就是用户提交一个原始数字存储在请求范围上，经过两次 Servlet 传递并计算，最后显示结果。设置 2 个 Servlet 的计算方法分别为加 10 和乘 5。

步骤一：编写 2 个计算的 Servlet 类，代码如下。

```
//OperServlet.java
package requestparam;
import javax.servlet.*;
import javax.servlet.http.*;
import java.io.*;
public class OperServlet extends HttpServlet
{
public void init(){}
public void doGet(HttpServletRequest request,HttpServletResponse response)
throws ServletException,IOException{
String strcount=request.getParameter("count");
int count=Integer.parseInt(strcount);
count+=10;
String str=String.valueOf(count);
request.setAttribute("count",str);
request.getRequestDispatcher("opertwoservlet").forward(request,response);
}
}

//OperTwoServlet.java
package requestparam;
import javax.servlet.*;
import javax.servlet.http.*;
import java.io.*;
public class OperTwoServlet extends HttpServlet
{
public void init(){}
public void doGet(HttpServletRequest request,HttpServletResponse response)
throws ServletException,IOException{
String strcount=(String)request.getAttribute("count");
int count=Integer.parseInt(strcount);
count*=5;
request.setAttribute("count",String.valueOf(count));
request.getRequestDispatcher("showservlet").forward(request,response);
}
}
```

步骤二：编写用于显示的 Servlet 类，代码如下。

```
//ShowServlet.java
package requestparam;
import javax.servlet.*;
import javax.servlet.http.*;
```

```
import java.io.*;
public class ShowServlet extends HttpServlet
{
public void init(){}
public void doGet(HttpServletRequest request,HttpServletResponse response)
throws ServletException,IOException{
response.setContentType("text/html;charset=GBK");
PrintWriter out=response.getWriter();
String strcount=(String)request.getAttribute("count");
out.println(strcount);
}
}
```

步骤三：部署 Web 应用程序，编写首页面和 web.xml 文件，启动服务器，实现计算，运行结果如图 2.18 和图 2.19 所示。

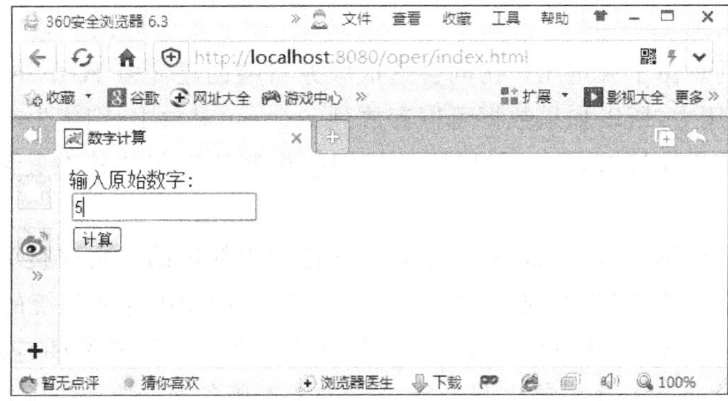

图 2.18　输入原始数字

图 2.19　计算结果显示

在这个示例中，由于参数存储在请求范围内，所以每次提交原始数字，都会经过 2 个 Servlet 的计算，最后输入计算结果。每次请求都会有不同的原始数字存入 Request 中，保证每次的计算结果都是本次请求的运算结果，保证每个用户的每个请求都互不影响，而得到相应的显示。

4. 三种应用范围的比较

Web 应用程序之所以能够灵活地处理各种客户端的请求，并且表现出复杂的多样性，正是由于多种应用范围的存在。在整个 Web 应用开发中，处处都要使用相关的应用范围。那么，在应用中究竟选择什么样的应用范围呢？

请求范围，ServletRequest 对象和 HttpServletRequest 对象就是在该范围内使用的。它们存储的对象信息只能在一个请求过程中共享，所以生命周期是短暂的，不能长时间存储数据。如果在不同的 Web 组件之间通过 request 对象传递信息，需要确保它们之间是转发的关系，这样才能确保它们使用的是同一个 request 对象。也就是说，如果在一个组件中使用 response. sendRedirect()重定向到某一个组件，由于重定向将产生一个新的 request 对象，就不能使用前一个 request 对象中存储的数据。

会话范围，HttpSession 对象就是在该范围内使用的。它是和一个客户端相关联的会话机制，生命周期比 request 长很多。一般来说，如果要长时间跟踪一个客户端的状态，必须使用会话。由于大量用户访问会造成服务器端创建许多 HttpSession 对象，造成服务器端的巨大压力，所以如果数据可以存放到 request 对象中，则优先考虑使用 request 对象，因为其生命周期较短，Java 虚拟机垃圾回收机制能够很快地在其使用完毕后释放占用的内存。

应用程序范围，ServletContext 对象就是在该范围内使用的。它和整个 Web 应用程序相关联，但不与任何请求及客户端相关。一般是在 Web 应用中存放系统的相关信息，如存放数据源的引用等。ServletContext 对象只有在 Web 服务器关闭或 Web 应用被卸载时才会被销毁，因此 ServletContext 对象比 HttpSession 对象对服务器端造成的压力更大。所以，如果数据可以存放到 HttpSession 对象中，就尽量不要存放到 ServletContext 对象中，以减轻服务器端的压力。

任务 2.3.4 购物车设计

购物车程序是网上商城中最常见的一种应用。它的功能是添加商品、删除商品、查询购物车列表以及计算价格。下面实现一个简单的购物车应用。

步骤一：首先，对于需要显示的商品，含有商品名称、商品的标识 ID、商品描述、商品价格、商品的库存等信息。在面向对象的程序设计中，用一个类来抽象其描述，建立一个类 Product，其含有以上描述的几种属性，并且提供 get 和 set 方法，方便对其属性的操作。代码如下。

```
//Product.java
package shoppingcart;
public class Product {
private String id;                                    //商品标识
private String name;                                  //商品名称
```

```
private String description;                       //商品描述
private double price;                             //商品价格
private int num;                                  //商品数量
public Product(){ }
public Product(String id,String name,String description,double price,int num){
this.id=id;
this.name=name;
this.description=description;
this.price=price;
this.num=num;
}
public String getId() {
return (this.id);
}
public void setId(String id) {
this.id=id;
}
public String getName() {
return (this.name);
}
public void setName(String name) {
this.name=name;
}
public String getDescription() {
return (this.description);
}
public void setDescription(String description) {
this.description=description;
}
public double getPrice() {
return (this.price);
}
public void setPrice(double price) {
this.price=price;
}
public int getNum() {
return (this.num);
}
public void setNum(int num) {
this.num=num;
}
}
```

步骤二：创建购物车对象，每个客户端用户分配一个购物车对象，用来存放购买的商品。购物车类能够添加和删除商品,并能够计算总价和返回购买列表。其中,如果购物车中有添加的商品,将不再重复添加商品,只是改变购买商品的数量,代码如下。

```
//ShopCart.java
package shoppingcart;
import java.util.*;
public class ShopCart {
private ArrayList<Product> cart=null;                    //ArrayList 对象,存放商品
public ShopCart() {
cart=new ArrayList<Product>();
}
public void addProductToCart(Product product){           //向购物车中添加商品
boolean is=false;
for(int i=0;i<cart.size();i++){
if(cart.get(i).getId().equals(product.getId())){
is=true;
cart.get(i).setNum(cart.get(i).getNum()-1);
break;
}
}
if(is==false){
product.setNum(99);
cart.add(product);
}
}
public void removeProductFromCart(String productId){ //从购物车中删除一种商品
if(cart==null)
return;
Iterator it=cart.iterator();
while(it.hasNext()){
Product item=(Product)it.next();
if(item.getId().equals(productId)){
it.remove();
item.setNum(100);
return;
}
}
}
public double getAllProductPrice(){                      //计算购物车中的商品价格
if(cart==null)
return 0;
double totalPrice=0;
Iterator it=cart.iterator();
while(it.hasNext()){
```

```
Product item=(Product)it.next();
totalPrice+=item.getPrice()*(100-item.getNum());
}
return totalPrice;
}
public List getAllProductsFromCart(){                    //返回购物车所有产品信息
return cart;
}
}
```

步骤三：接下来实现一个用来显示所有商品信息的 Servlet，此 Servlet 需要完成的功能就是将所有商品通过页面的形式展示给客户端。为了简单起见，商品的数据不是从数据库中取出的，而是杜撰了一些商品的信息，并将其存储到 ServletContext 对象中，供整个 Web 应用使用。代码如下。

```
//ShowProductServlet.java
package shoppingcart;
import javax.servlet.*;
import javax.servlet.http.*;
import java.io.*;
import java.util.*;
public class ShowProductServlet extends HttpServlet {
private static final String CONTENT_TYPE="text/html;charset=GBK";
private Map products;
public void init() throws ServletException{
products=new HashMap();
products.put("001",new Product("001","海信电视机","58英寸,LED液晶显示,安卓操作
系统,2014年上市",6999.00,100));
products.put("002",new Product("002","海尔洗衣机","洗涤容量6Kg,滚筒式,LED显示
屏,内筒材料为不锈钢",3999.00,100));
products.put("003",new Product("003","格力空调","三级变频,壁式挂机,超静音,超长
质保,强力除湿",3269.00,100));
products.put("004",new Product("004","海尔热水器","横式,专利金刚三层胆,专利金刚
三层胆,60L",2780.00,100));
products.put("005",new Product("005","西门子冰箱","三门冰箱,电脑控温,总容积为
231-280L,能效等级为一级",5780.00,100));
ServletContext context=getServletContext();
context.setAttribute("products",products);
}
public void doGet(HttpServletRequest request, HttpServletResponse response)
throws ServletException,IOException{
response.setContentType(CONTENT_TYPE);
PrintWriter out=response.getWriter();
out.println("<html>");
```

```
out.println("<head><title>ShowProductServlet</title></head>");
out.println("<body bgcolor=\"#ffffff\">");
out.println("<h1>商品显示</h1>");
out.println("<a href=\""+response.encodeUrl("/shopcart/showcart")+"\">查看购物
车</a>");
out.println("<form name=\"productForm\" action=\"/shopcart/shopping\"method
=
\"post\">");
out.println("<input type=\"hidden\" name=\"action\" value=\"add\"/>");
out.println("<table border=\"1\" cellspacing=\"0\">");
out.println("<tr bgcolor=\"#cccccc\">");
out.println("<tr bgcolor=\"#cccccc\"><td>序号</td><td>商品名称</td><td>商品描
述</td><td>商品价格(元)</td><td>库存数量</td><td>添至购物车</td></tr>");
Set productIdSet=products.keySet();
Iterator it=productIdSet.iterator();
int number=1;
while(it.hasNext()){
String id=(String)it.next();
Product product=(Product)products.get(id);
out.println("<tr><td>"+number+++"</td>");
out.println("<td>"+product.getName()+"</td>");
out.println("<td>"+product.getDescription()+"</td>");
out.println("<td>"+product.getPrice()+"</td>");
out.println("<td>"+product.getNum()+"</td>");
out.println("<td><input type=\"checkbox\" name=\"productId\" value=\""
+product.getId()+"\"></td></tr>");
}
out.println("</table><p><input type=\"submit\" value=\"确定\"/>");
out.println("<input type=\"reset\" value=\"重置\"/></p>");
out.println("</form></body></html>");
out.close();
}
public void doPost(HttpServletRequest request,HttpServletResponse response)
throws ServletException,IOException{
doGet(request,response);
}
public void destroy(){ }
}
```

代码 ShowProductServlet.java 的 init()方法中杜撰了一些商品信息,并将商品的对象存储在一个 HashMap 对象中,其关键字为商品的标识符,方便以后根据此标识符取出商品对象。在 doGet()方法中,客户端显示所有商品信息。其中 out.println("<td><input type=\"checkbox\" name=\"productId\" value=\""+product.getId()+"\"></td></tr>")表示输出一个复选框,其值对应商品的 ID。如果选择需要的商品,提交到表单对应的 action,此处为"/shopcart/shopping",可以从 Servlet 中获取选择的商品 ID。具体在

ShoppingServlet 中处理。

步骤四：当选择需要的商品，提交请求后需要将其加到购物车中，设计 ShoppingServlet 管理购物车，管理操作包括添加或删除购物车中的商品。由于 ShoppingServlet 需要处理添加和删除两种情况，所以在提交过来的请求中增加一个 action 参数，当 action 为“remove”时，从购物车中移走；而当 action 为“add”时，即添加到购物车。在 ShowProductServlet 中，有一个隐藏域控件为 action，即 out. println("<input type=\"hidden\" name=\"action\" value=\"add\"/>")；其对应的值为 add。所以，提交到 ShoppingServlet 以后，可以通过 request. getParameter("action")；获取其对应的值，再区分做不同的处理。ShoppingServlet 的代码如下。

```
//ShoppingServlet.java
package shoppingcart;
import javax.servlet.*;
import javax.servlet.http.*;
import java.io.*;
import java.util.*;
public class ShoppingServlet extends HttpServlet {
private static final String CONTENT_TYPE="text/html;charset=GBK";
public void doGet(HttpServletRequest request,HttpServletResponse response)
throws ServletException,IOException{
response.setContentType(CONTENT_TYPE);
ServletContext context=getServletContext();
HttpSession session=request.getSession();
ShopCart cart=(ShopCart)session.getAttribute("shopCart");
String action=request.getParameter("action");
if("remove".equals(action)){                //从购物车中移走一件商品
String removeId=request.getParameter("removeId");
cart.removeProductFromCart(removeId);
}
else if("add".equals(action)){
String[] productIds=request.getParameterValues("productId");
                                            //获取当前用户选择的产品 ID
Map products=(Map)context.getAttribute("products");
                                            //从 ServletContext 对象中提取产品信息
if(cart==null){
cart=new ShopCart();                        //创建一个购物车对象
session.setAttribute("shopCart",cart);
}
if(productIds==null){
productIds=new String[0];
}
for(int i=0;i<productIds.length;i++){  //将用户选择的商品添加到购物车中
Product product=(Product)products.get(productIds[i]);
```

```
cart.addProductToCart(product);
}
}
RequestDispatcher rd=request.getRequestDispatcher("/showcart");
rd.forward(request,response);              //转向购物车显示的 Servlet
}
public void doPost(HttpServletRequest request,HttpServletResponse response)
throws ServletException,IOException{
doGet(request,response);
}
}
```

在程序中,ShopCart cart=(ShopCart)session.getAttribute("shopCart");表示从Session中取出当前用户所持有的购物车。对于首次购物来说,购物车是不存在的,也就是说取出的对象为null。此时需要为用户创建购物车对象,并将该对象放入到Session范围内,与用户关联。

步骤五:查看购物车内的商品比较简单,只要从当前的Session中取出购物车,从购物车中获取商品显示即可,代码如下。

```
//ShowCartServlet.java
package shoppingcart;
import javax.servlet.*;
import javax.servlet.http.*;
import java.io.*;
import java.util.*;
public class ShowCartServlet extends HttpServlet{
private static final String CONTENT_TYPE="text/html;charset=GBK";
public void doGet(HttpServletRequest request,HttpServletResponse response)
throws ServletException,IOException{
response.setContentType(CONTENT_TYPE);
PrintWriter out=response.getWriter();
HttpSession session=request.getSession();
ShopCart shopcart=(ShopCart)session.getAttribute("shopCart");
List products=null;
if(shopcart==null||(products=shopcart.getAllProductsFromCart())==null){
out.println("<html>");
out.println("<head><title>ShowCartServlet</title></head>");
out.println("<body bgcolor=\"#ffffff\">");
out.println("<p><h1>你目前没有购买任何商品</h1></p>");
out.println("<p><a href=\""+response.encodeUrl("/shopcart/show")+"\">返回产
品显示页</a></p>");
out.println("</body></html>");
out.close();
}
else{
```

```
Iterator it=products.iterator();
out.println("<html>");
out.println("<head><title>ShowCartServlet</title></head>");
out.println("<body bgcolor=\"#ffffff\">");
out.println("<p><h1>你目前购买的商品为:</h1></p>");
out.println("<table border=\"1\" cellspacing=\"0\">");
out.println("<tr bgcolor=\"#cccccc\"><td>商品名称</td><td>商品描述</td>
<td>价格</td><td>购买数量(个)</td><td>操作</td></tr>");
while(it.hasNext()){
Product productItem=(Product)it.next();
out.println("<tr><td>"+productItem.getName()+"</td>");
out.println("<td>"+productItem.getDescription()+"</td>");
out.println("<td>"+productItem.getPrice()+"</td>");
out.println("<td>"+(100-productItem.getNum())+"</td>");
out.println("<td><a href=\""+response.encodeURL("/shopcart/shopping?action=
remove&removeId=")+productItem.getId()+"\">删除</a>");
}
out.println("</table>");
out.println("<p>目前您购物车的总价格为: "+shopcart.getAllProductPrice()+"元人
民币。</p>");
out.println("<p></br><a href=\""+response.encodeURL("/shopcart/show")+"\">
返回产品显示页</a></p>");
out.println("</body></html>");
out.close();
}
}
public void doPost(HttpServletRequest request,HttpServletResponse response)
throws ServletException,IOException{
doGet(request,response);
}
}
```

步骤六：在 web.xml 文件中配置 Servlet，代码如下。

```
<?xml version="1.0" encoding="UTF-8"?>
<web-app>
<servlet>
<servlet-name>showproductservlet</servlet-name>
<servlet-class>shoppingcart.ShowProductServlet</servlet-class>
</servlet>
<servlet-mapping>
<servlet-name>showproductservlet</servlet-name>
<url-pattern>/show</url-pattern>
</servlet-mapping>
<servlet>
<servlet-name>shoppingservlet</servlet-name>
```

```
<servlet-class>shoppingcart.ShoppingServlet</servlet-class>
</servlet>
<servlet-mapping>
<servlet-name>shoppingservlet</servlet-name>
<url-pattern>/shopping</url-pattern>
</servlet-mapping>
<servlet>
<servlet-name>showcartservlet</servlet-name>
<servlet-class>shoppingcart.ShowCartServlet</servlet-class>
</servlet>
<servlet-mapping>
<servlet-name>showcartservlet</servlet-name>
<url-pattern>/showcart</url-pattern>
</servlet-mapping>
</web-app>
```

步骤七：部署 Web 应用程序，启动服务，进行访问，运行结果如图 2.20～图 2.25 所示。

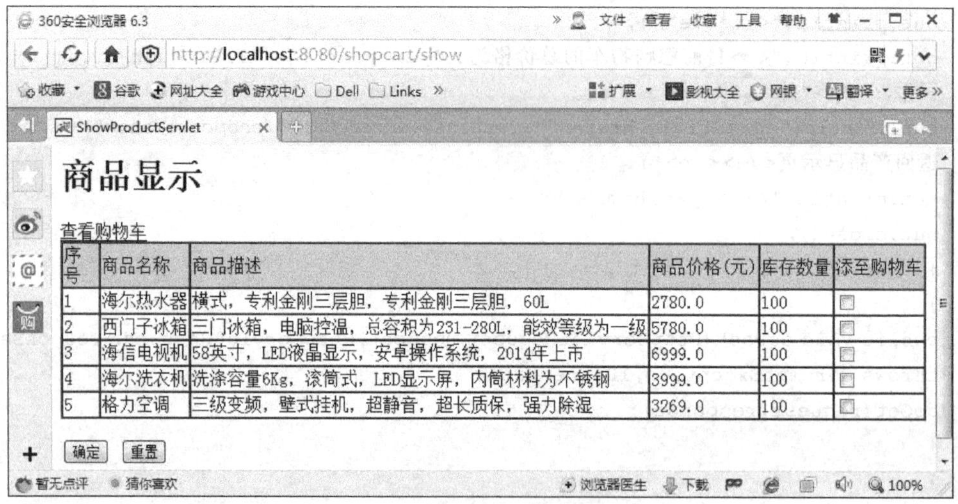

图 2.20　商品显示页

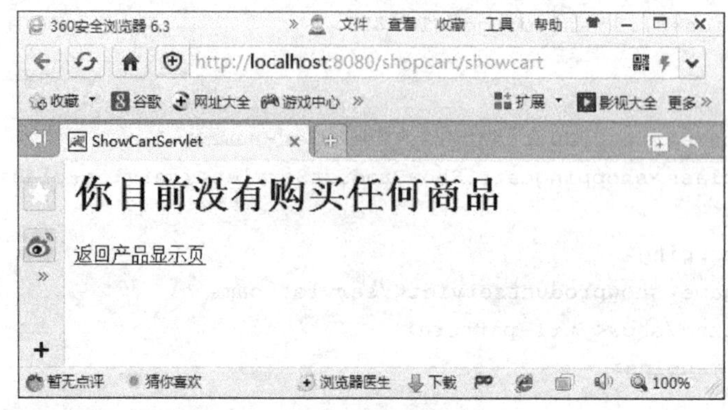

图 2.21　查看购物车

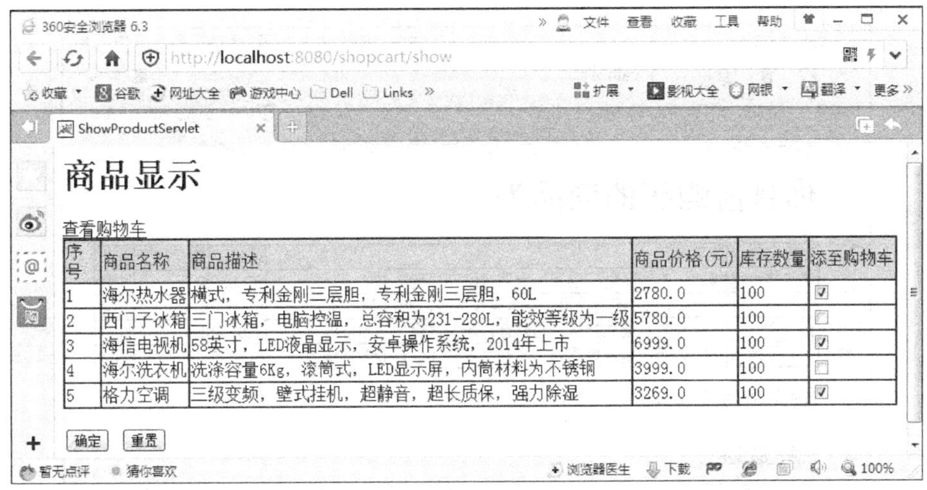

图 2.22 选择添至购物车的商品

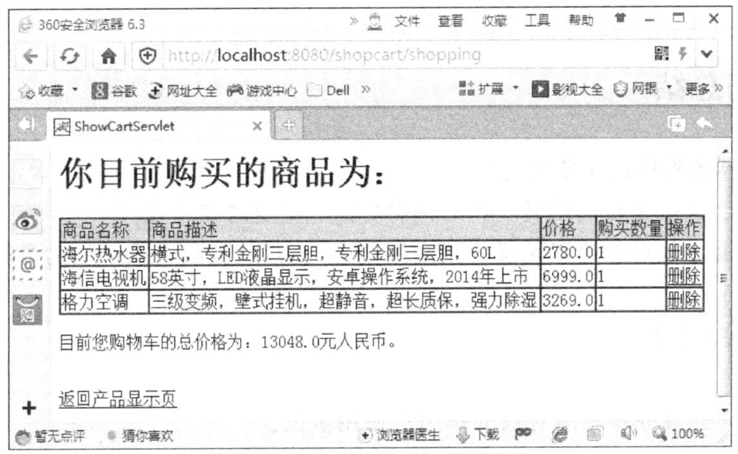

图 2.23 查看购物车

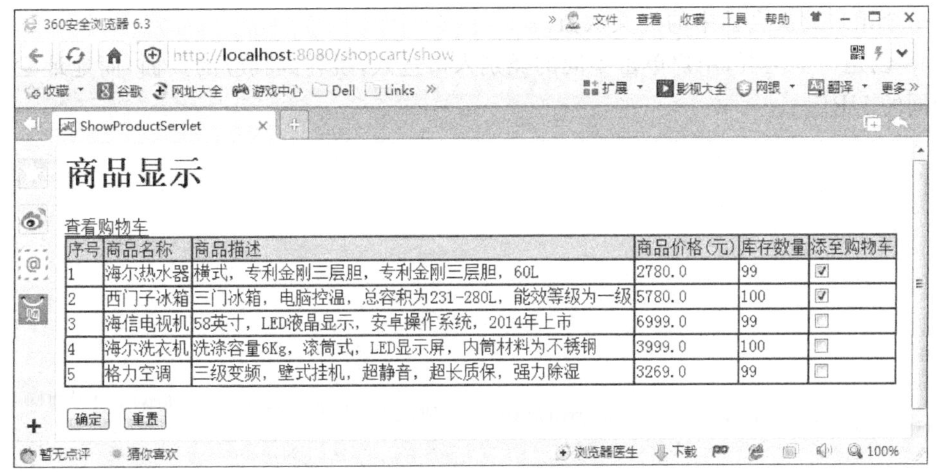

图 2.24 再次选择添至购物车的商品

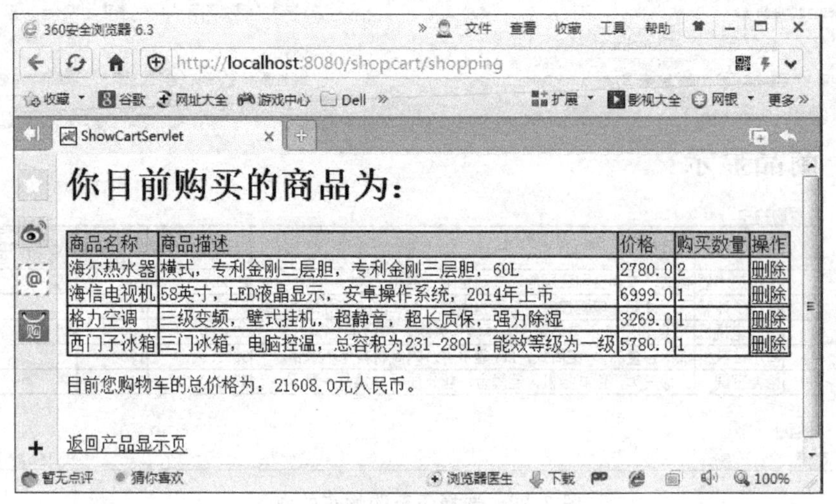

图 2.25　查看购物车

2.4　学习总结

1. 服务器各种应用对象的使用。
2. Servlet 请求资源的跳转一共有两种方式：重定向和转发。
3. Servlet 之间通常可以传递应用程序范围、会话范围和请求范围的参数。

2.5　课后习题

1. 分别简述服务器应用对象的作用及使用范围。
2. Servlet 之间传递参数的方法有哪些？它们之间有什么区别？
3. 使用不同范围的参数实现一个人数统计，包括自应用程序开始运行的历史访问人数和一个用户此次会话中的提交次数。
4. 创建一个网页，用户单击不同的类别入口进入，跳转到相应的页面，而地址栏则显示相同的 URL。

项目3 编码过滤器

3.1 项目描述

浏览器默认使用 UTF-8 编码方式发送数据。如果整个网站统一使用 UTF-8 编码，就不会出现乱码。但如果使用汉字编码(如 GBK 或 GB2312)，就涉及编码转换，可以使用 HTTPServletRequest 中的 setCharacterEncoding(String encoding)方法设置为给定的编码。但由于 HttpServletRequest 对象是在每次提交后都会创建的，所以一般应用中总是在需要的地方都写上 request. setCharsetEncoding("GB2312")。但这不利于系统的维护，当需要修改提交的编码方式为其他编码时，就要修改所有使用此语句的文件。过滤器能够拦截请求或响应的信息，并对其进行过滤处理。这里可以利用过滤器的特性，为整个网站的所有资源配置设置字符编码转换的过滤器。

本项目主要完成的功能如下。

(1) 利用 Filter 特性，为所有的资源配置设置字符编码的过滤器。

(2) 同时建立验证登录用户访问权限的过滤器。

3.2 学习目标

学习目标：

(1) 准确理解与 ServletContext、HttpSession 对象、ServletRequest 对象相关的侦听器和事件。

(2) 能理解过滤器的工作机制。

(3) 能创建过滤器。

(4) 编写编码过滤器。

本项目通过完成编码过滤器的编写，展开 Servlet 的侦听器和事件、过滤器的工作机制、如何创建过滤器等相关知识的介绍。

3.3 项目实施

任务 3.3.1 与 ServletContext 对象相关的侦听器和事件

1. 什么是侦听器

Servlet 侦听器是在 Servlet2.3 中引入的技术，主要功能就是侦听 Web 的各种操作，比如侦听客户端的请求、服务端的操作等。当相关的操作触发后，将产生事件，并对此事件进行处理。

2. ServletContextListener 侦听器

1）功能

Servlet API 中有一个 javax. servlet. ServletContextListener 接口，它能够侦听 ServletContext 对象的生命周期，实际上就是侦听 Web 应用程序的生命周期。

2）方法

Servlet 容器启动或终止 Web 应用时，会触发 ServletContextEvent 事件，该事件由 ServletContextListener 处理。ServletContextListener 接口中定义了处理 ServletContextEvent 事件的两个方法，内容如下。

(1) public void contextInitialized(ServletContextEvent sce)：当 Servlet 容器启动 Web 应用时，调用该方法，通知侦听器，ServletContext 对象进入初始化阶段。

(2) public voidcontextDestroyed(ServletContextEvent sce)：当 Servlet 容器终止 Web 应用时，调用该方法，通知侦听器，ServletContext 对象进入销毁阶段。

Servlet 容器调用 ServletContextListener 对象两个方法的时机分别为 Web 应用程序启动时和 Web 应用程序关闭时。

3）ServletContextEvent 事件类

在上面两个方法中，容器通过传递 ServletContextEvent 对象告诉侦听器发生了什么事件。ServletContextEvent 是一个事件类，该对象提供了一个 getServletContext()方法，侦听器可以用它来获得对触发该事件的 ServletContext 对象的引用。

```
public ServletContext getServletContext();
```

通过这个方法，侦听器就可以知道哪个 ServletContext 对象发生了事件。

4）示例

下面就通过一个程序来了解 ServletContextListener 的使用。该例希望能够在程序启动时就为整个程序创建一个公共的消息变量，之后在运行过程中通过一个页面来显示这个公共变量。

ServletContext 事件的实现过程如下。

(1) 创建侦听器类，实现相应的侦听器接口

(2) 部署侦听器(在 web. xml 文件中)

(3) 运行(创建 Servlet 类)

具体实现步骤如下所示。

步骤一：创建侦听器类，代码如下。

```
//TestContextListener.java
package contextlistener;
import javax.servlet.*;
import javax.servlet.http.*;
import java.io.*;
```

```
import java.util.*;
public class TestContextListener
extends HttpServlet implements ServletContextListener
{
public void contextInitialized(ServletContextEvent sce) {
ServletContext sc=sce.getServletContext();//获得触发该事件的 ServletContext 对象
sc.setAttribute("msg","hello morning!");
}
public void contextDestroyed(ServletContextEvent sce) { }
}
```

步骤二：部署侦听器。

侦听器的部署非常简单，即在 web.xml 文件中用<listener>元素进行定义，用<listener-class>子元素指定侦听器的实现类。代码如下。

```
<?xml version="1.0" encoding="UTF-8"?>
<web-app>
<servlet>
<servlet-name>msgservlet</servlet-name>
<servlet-class>contextlistener.MsgServlet</servlet-class>
</servlet>
<servlet-mapping>
<servlet-name>msgservlet</servlet-name>
<url-pattern>/msgservlet</url-pattern>
</servlet-mapping>
<listener>
<listener-class>contextlistener.TestContextListener</listener-class>
</listener>
</web-app>
```

步骤三：此时创建一个 Servlet 类，用于读出应用程序启动时创建的变量，然后显示出来，代码如下。

```
//读取并显示变量的 Servlet 类：MsgServlet.java
package contextlistener;
import javax.servlet.*;
import javax.servlet.http.*;
import java.io.*;
import java.util.*;
public class MsgServlet extends HttpServlet{
String msg;
public void init(){
ServletContext sc=this.getServletContext();
msg=(String)sc.getAttribute("msg");
}
```

```
public void doGet(HttpServletRequest request,HttpServletResponse response)
throws IOException,ServletException{
response.setContentType("text/html;charset=GBK");
PrintWriter out=response.getWriter();
out.println(msg);
}
public void doPost(HttpServletRequest request,HttpServletResponse response)
throws IOException,ServletException{
doGet(request,response);
}
public void destroy(){ }
}
```

步骤四：启动服务器，运行。运行的结果如图 3.1 所示。

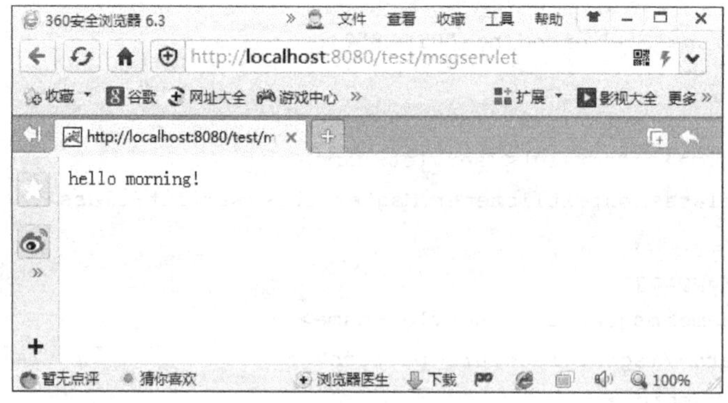

图 3.1　显示结果

这个消息就是应用程序启动时由侦听器受到事件触发而创建的消息变量，并将其存储到 ServletContext 中，然后再在 Servlet 中获取并显示出来。

3. ServletContextAttributeListener 侦听器

1）功能

ServletContext 的属性是 Web 应用程序中所有的 Servlet 所共享的。一个 Servlet 获取一个属性后，很有可能另外一个 Servlet 调用 setAttribute()方法改变同一属性的值。为了确保共享属性在整个 Web 应用程序范围内的一致性，监视 ServletContext 对象的任何属性改变是有意义的。ServletContextAttributeListener 侦听器就是为了这一目的而设立的。

2）方法

ServletContextAttributeListener 接口定义了如下方法。

(1) public void attributeAdded(ServletContextAtrributeEvent scab)：当 Web 应用程序通过调用 ServletContext 对象的 setAttribute()方法将某个属性绑定到 ServletContext 对象时，容器会调用侦听器的这个方法。

(2) public void attributeRemoved(ServletContextAtrributeEvent scab)：当 Web 应用程序通过调用 ServletContext 对象的 removeAttribute()方法将某个属性从 ServletContext 对象中删除时，容器会调用侦听器的这个方法。

(3) public void attributeReplaced(ServletContextAtrributeEvent scab)：当 Web 应用程序通过调用 ServletContext 对象的 setAttribute()方法改变已经绑定到 ServletContext 对象的某个属性值时，容器会调用侦听器的这个方法。

3) ServletContextAttributeEvent 事件类

容器在调用侦听器的三个方法时，传递过来的参数都是 ServletContextAttributeEvent 对象。ServletContextAttributeEvent 对象扩展了 ServletContextEvent 类，并且除了继承自 ServletContextEvent 类的 getServletContext()方法外，还增加了两个方法，以便获取属性的名称和值。

(1) public String getName()：返回正在创建、替换或删除的属性的名称。

(2) public Object getValue()：返回正在创建、替换或删除的属性的值。

4) 示例

监视绑定到 ServletContext 对象上的属性的变化情况，并记录这些信息到日志文件中。

步骤一：创建侦听器类，代码如下。

```
//TestAttrListener.java
package listener;
import javax.servlet.*;
public class TestAttrListener implements ServletContextAttributeListener
{
public void attributeAdded(ServletContextAttributeEvent scab)
{
ServletContext sc=scab.getServletContext();
sc.log("Attribute"+scab.getName()+"set to"+scab.getValue().toString());
}
public void attributeRemoved(ServletContextAttributeEvent scab)
{
ServletContext sc=scab.getServletContext();
sc.log("Attribute"+scab.getName()+"remove");
}
public void attributeReplaced(ServletContextAttributeEvent scab)
{
ServletContext sc=scab.getServletContext();
sc.log("Attribute"+scab.getName()+"replaced to"+scab.getValue().toString());
}
}
```

步骤二：部署侦听器，代码如下。

```
<?xml version="1.0" encoding="UTF-8"?>
```

```
<web-app>
<servlet>
<servlet-name>testservlet</servlet-name>
<servlet-class>listener.TestServlet</servlet-class>
</servlet>
<servlet-mapping>
<servlet-name>testservlet</servlet-name>
<url-pattern>/testservlet</url-pattern>
</servlet-mapping>
<display-name>testListener</display-name>
<listener>
<listener-class>listener.TestAttrListener</listener-class>
</listener>
</web-app>
```

步骤三：创建一个 Servlet 类，该类初始化时在 ServletContext 中增加一个属性。代码如下。

```
//TestServlet.java
package listener;
import javax.servlet.*;
import javax.servlet.http.*;
import java.io.*;
public class TestServlet extends HttpServlet
{
public void init()
{
ServletContext sc=this.getServletContext();
sc.setAttribute("test","test");
}
public void doGet(HttpServletRequest request,HttpServletResponse response)
    throws ServletException,IOException{ }
public void doPost(HttpServletRequest request,HttpServletResponse response)
    throws ServletException,IOException{
doGet(request,response);}
}
```

步骤四：创建 Web 应用程序的首页面，在该页面中通过一个提交按钮执行步骤三中创建的 Servlet 类，从而调用监听器中的 attributeAdded()方法。

```
//首页面：index.html
<html>
<body>
<form action="testservlet" method="post">
<input type="submit" value="显示消息">
</form>
```

```
</body>
</html>
```

步骤五：启动服务器，运行 index. html。运行后打开 Tomcat 安装目录\logs 目录里的日志文件，可以看到“Attribute test set to test”已存入日志文件中，如图 3.2 所示。

图 3.2 日志文件存入结果

任务 3.3.2 与 HttpSession 对象相关的侦听器和事件

1. HttpSessionListener 侦听器

1）功能

HttpSessionListener 接口能够监听 Web 应用会话的创建与销毁。因为容器在创建或销毁会话时，都将通知在容器中注册过的 HttpSessionListener 侦听器。

2）方法

HttpSessionListener 接口中定义了两个方法。

(1) public void sessionCreated(HttpSessionEvent sce)：当容器生成一个会话时，会通知 HttpSessionListener 侦听器调用本方法。

(2) public void sessionDestroyed(HttpSessionEvent sce)：当某个会话超时或调用了会话对象的 invalidate()方法，都会引起会话的销毁，会话销毁之前，容器会通知 HttpSessionListener 侦听器调用本方法。

3）HttpSessionEvent 事件类

容器向上面两个方法传递的参数都是 HttpSessionEvent 对象，它表示一个会话生命周期的事件。它只有一个方法，供侦听器获得当前会话对象的引用，代码如下。

```
public HttpSession getSession();
```

由于存在多个用户同时访问站点的可能，所以每次创建新的会话都会通知侦听器，这个方法可以返回创建的或要销毁的会话对象。

2. HttpSessionAttributeListener 侦听器

1）功能

为了监视用户的操作，可以使用 HttpSessionAttributeListener 侦听器接收用户会话属性变更的通知。当向会话对象添加、删除、替换属性时，HttpSessionAttributeListener侦听器会接到通知。

2）方法

HttpSessionAttributeListener接口共定义了如下3个方法。

（1）public void attributeAdded(HttpSessionBindingEvent se)：当使用HttpSession对象的setAttribute()方法添加一个新的会话属性时，容器会调用侦听器的这个方法。

（2）public void attributeRemoved(HttpSessionBindingEvent se)方法：当使用HttpSession对象的removeAttribute()方法删除一个会话属性时，容器会调用侦听器的这个方法。

（3）public void attributeReplaced(HttpSessionBindingEvent se)方法：当使用HttpSession对象的setAttribute()方法替换一个已经存在的会话属性时，容器会调用侦听器的这个方法。

3）HttpSessionBindingEvent事件类

当会话属性发生变更时，通知HttpSessionAttributeListener侦听器的事件为HttpSessionBindingEvent对象。HttpSessionBindingEvent类继承自HttpSessionEvent类，除了getSession()方法，HttpSessionBindingEvent还定义了以下两个方法。

（1）public String getName()：返回添加、替换或删除的会话属性的名称。

（2）public Object getValue()：返回添加、替换或删除的会话属性的值。

3. 在线人数统计器

步骤一：创建侦听器类。

需要在网站服务器启动，也就是在应用程序初始化时创建一个计数器变量存储在线人数。每生成一个新的会话时，计数器加1，销毁一个会话时，计数器减1。代码如下。

```
//实现HttpSessionListener接口的类：OnlineCounterListener.java
package servlet;
import javax.servlet.*;
import javax.servlet.http.*;
public class OnlineCounterListener implements ServletContextListener,
        HttpSessionListener
{
public void contextInitialized(ServletContextEvent sce)
{
ServletContext context=sce.getServletContext();
Integer counter=new Integer(0);
context.setAttribute("counter",counter);
}
public void contextDestroyed(ServletContextEvent sce)
{
ServletContext context=sce.getServletContext();
context.removeAttribute("counter");
```

```
}
public void sessionCreated(HttpSessionEvent se)
{
HttpSession session=se.getSession();
ServletContext sc=session.getServletContext();
Integer counter=(Integer)sc.getAttribute("counter");
counter=new Integer(counter.intValue()+1);        //会话创建时,在线人数加 1
sc.setAttribute("counter",counter);
}
public void sessionDestroyed(HttpSessionEvent se)
{
HttpSession session=se.getSession();
ServletContext sc=session.getServletContext();
Integer counter=(Integer)sc.getAttribute("counter");
counter=new Integer(counter.intValue()-1);        //会话销毁时,在线人数减 1
sc.setAttribute("counter",counter);
}
}
```

步骤二：部署侦听器,代码如下。

```
//web.xml
<?xml version="1.0" encoding="UTF-8"?>
<web-app>
<servlet>
<servlet-name>test</servlet-name>
<servlet-class>servlet.OnlineCounterServlet</servlet-class>
</servlet>
<servlet-mapping>
<servlet-name>test</servlet-name>
<url-pattern>/test</url-pattern>
</servlet-mapping>
<session-config>
<session-timeout>2</session-timeout>
</session-config>
<listener>
<listener-class>servlet.OnlineCounterListener</listener-class>
</listener>
</web-app>
```

步骤三：创建一个 Servlet 类,用于输出在线人数,代码如下。

```
//显示在线人数的 Servlet 类：OnlineCounterServlet.java
package servlet;
import javax.servlet.*;
import javax.servlet.http.*;
```

```
import java.io.*;
public class OnlineCounterServlet extends HttpServlet{
public void doGet(HttpServletRequest request,HttpServletResponse response)
throws ServletException,IOException{
response.setContentType("text/html;charset=GBK");
PrintWriter out=response.getWriter();
ServletContext sc=this.getServletContext();
request.getSession(true);
out.println("网站当前在线人数"+sc.getAttribute("counter")+"人!");
}
}
```

步骤四：启动服务器,运行。运行结果如图 3.3 所示。

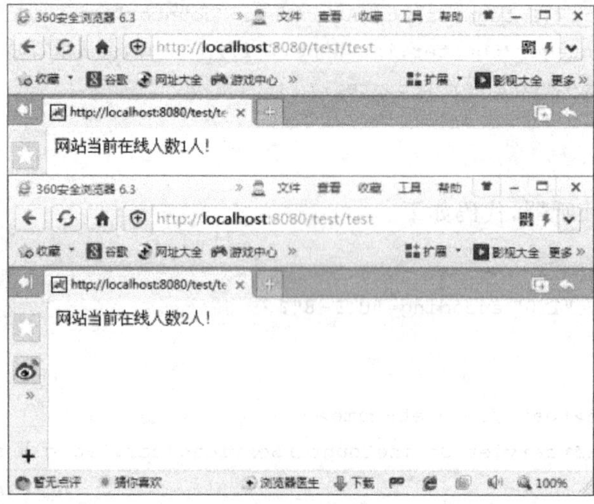

图 3.3　显示结果

任务 3.3.3　与 ServletRequest 对象相关的侦听器

1. ServletRequestListener 侦听器

1）功能

实现 ServletRequestListener 接口的监听器,可以监听到 ServletRequest 对象本身的变化。

2）方法

ServletRequestListener 接口中定义了两个方法。

(1) public void requestInitialized(ServletRequestEvent sce)：ServletRequest 对象初始化。用户每一次访问都会创建一个 request 对象。

(2) public void requestDestroyed(ServletRequestEvent sce)：ServletRequest 对象销毁。当前访问结束,request 对象就会销毁。

2. ServletRequestAttributeListener 侦听器

1）功能

实现 ServletRequestAttributeListener 接口的监听器，可以监听到 ServletRequest 对象中属性的变化。

2）方法

ServletRequestAttributeListener 接口中定义了 3 个方法。

（1）public void attributeAdded(ServletRequestAttributeEvent scab)：增加属性。

（2）public void attributeRemoved(ServletRequestAttributeEvent scab)：删除属性。

（3）public void attributeReplaced(ServletRequestAttributeEvent scab)：修改属性。

任务 3.3.4 过滤器基础

Servlet 过滤器(Filter)技术是从 Servlet2.3 规范开始引入的。与 Servlet 技术一样，Servlet 过滤器也是一种 Web 应用程序组件，位于客户和基层 Web 应用程序之间，用于检查和修改两者之间流过的请求和响应。单个过滤器的逻辑视图如图 3.4 所示。

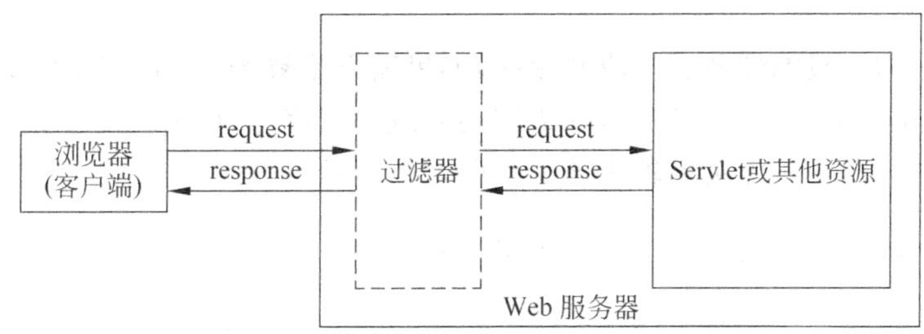

图 3.4 单个过滤器逻辑视图

Servlet 过滤器本身并不产生请求和响应对象，它只提供过滤功能。在 Request 到达 Servlet 之前，过滤器可以截取该 Request，并检查 Request 内容。除了检查外，还可以定制 Request，如修改 Request 标题或 Request 数据等。具体方法是对传递过来的 ServletRequest 对象进行操作，达到检查和修改的目的。完成任务后，过滤器把处理后的请求传递给 Servlet。然后 Servlet 执行其任务，并可能产生 Response。同样，过滤器也可以截获 Response 信息，可以对截获的 Response 信息进行修改，如修改 Response 标题或 Response 数据。具体方法是通过操作 Servlet 对象传递给它的 ServletResponse 对象，以达到目的。处理完毕后，将修改后的响应信息发送给客户端。

另外，Servlet 过滤器也可以设置多个，组成一个过滤链，它的逻辑视图如图 3.5 所示。

过滤器链的实现与维护工作是由 Servlet 容器生产厂商负责实现的。这时过滤器链中不同的过滤器在处理请求与响应信息过程中就有先后顺序的问题。过滤器链中不同过滤器的先后顺序是在部署文件 web.xml 中设定的。从图 3.5 中可以看出，最先截取客户请求的过滤器最后才能截取 Servlet 响应信息。

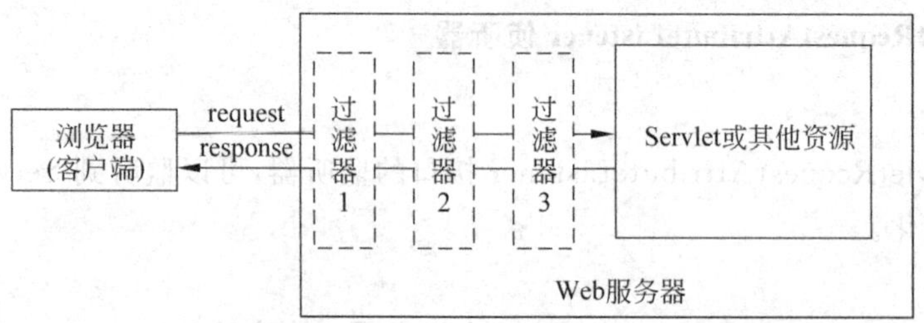

图 3.5　多个过滤器逻辑视图

1. 过滤器的工作流程

Web 服务器接收到一个请求后，将会判断此请求路径是否匹配到一个过滤器配置，如果匹配到，服务器会把请求交给相关联的过滤器处理。过滤处理后，Web 服务器会判断是否有另一个关联的过滤器，如果存在，继续交给下个处理，最后调用客户需要访问的 Web 资源，如 JSP 或 Servlet。在返回给客户端的过程中，首先同样经过关联的过滤器，只是顺序与请求到来时相反。如图 3.5 所示，访问 Web 资源之前首先经过了过滤器 1，随后是过滤器 2 和过滤器 3，而返回客户端过程中的顺序则是过滤器 3、过滤器 2 和过滤器 1。

需要注意的是，过滤器截获响应对象时，如果输出流被 Servlet 关闭了，过滤器就不能再改变输出流中的响应信息。因此，如果需要修改响应信息，在实现 Servlet 的代码中，应当使用刷新输出流，而不能关闭输出流。代码如下所示。

```
PrintWriter out=response.getPrintWriter();
…
out.flush();                                    //不能使用 out.close()
```

2. 过滤器的用途

1）用户权限的判断

Web 客户端访问 Web 相关资源时，如果需要符合某些条件，可能需要在每个 Web 资源中添加对用户的权限判断。这是一件重复烦琐的事情，而且不方便以后的系统维护，使用过滤器则可以简单地解决这个问题。

2）对请求内容进行统一编码

页面表单通常提交的数据编码是“ISO8859-1”，而对中文系统来说，需要接收页面的中文输入。为了能够正确地获取页面数据，需要在接收请求的资源中做编码设置与转换，在多个请求资源中都需要相同的操作，使用过滤器可以只设置一次，整个 Web 可用。

3）其他

除此之外，过滤器还有很多其他用途，如 XML 转换过滤、日志记录、数据压缩过滤、资源请求及响应报告、图像转换过滤、数据加密等。

3. 过滤器的示例

例如：一个 Web 站点想在不修改原有程序的基础上在某些特定的 Web 页面上添加收费信息，给用户最常浏览的页面上添加广告横幅。这一特定需求可以利用以下两个过滤器实现。

(1) 第一个过滤器检查进入的请求资源是否是要收费的页面。完成标准的页面处理后，过滤器把自己的输出内容(收费信息)添加到响应信息中。

(2) 第二个过滤器根据用户请求维护一个前一天最常用页面列表，同时检查进入的请求是否是那些最流行的界面。如果是，则过滤器生成一个广告横幅，并且通过修改响应信息发送给客户端。

任务 3.3.5 创建 Servlet 过滤器

建立一个过滤器的基本步骤如下。

1. 建立一个实现 javax. servlet. Filter 接口的类

所有过滤器都必须实现 javax. servlet. Filter 接口。该接口定义了 3 个方法，它们分别为过滤器生命周期的不同阶段调用。

1) public void init(FilterConfig config)throws ServletException

init()方法与 Servlet 中的 init()方法一样，只在此过滤器第一次初始化时执行。在每个 Servlet 的 init()方法中，可以使用 ServletConfig 对象获取 Servlet 的初始化参数及其 Web 应用上下文环境。同样，对于过滤器，也有对应的 FilterConfig 对象，FilterConfig 对象与 ServletConfig 对象功能类似，其中包含与 Filter 相关的配置信息，通过 init()方法由容器创建并传递给 Filter 实现类使用。这个方法是实现读取任何与过滤器相关联的处理及初始化参数的好地方，因为容器会保证调用 doFilter()方法之前调用 init()方法。

FilterConfig 接口中主要有以下几个方法。

(1) public String getFilterName()：返回在 web. xml 中配置的过滤器的名字。

(2) public String getInitParameter(String name)：获取给定参数 name 所对应的值。

(3) public Enumeration getInitParameterNames()：返回所有参数的名字的集合。

(4) ServletContext getServletContext()：返回 ServletContext 对象，用来获取有关 Servlet 上下文应用信息。

2) public void doFilter(ServletRequest request, ServletResponse reponse, FilterChain chain)throws ServletException, IOException

doFilter()方法和 Servlet 的 service()方法一样，只要一个过滤器被调用，就会执行其 doFilter()方法。所以过滤处理逻辑都是在此方法中实现的。需要注意的是，过滤器的一个实例可以同时服务于多个请求，因此，特别需要注意多线程的同步问题。这就意味着尽量不用或少用实例变量，如果必须使用实例变量，则必须通过同步访问实例变量。

第一个参数为 ServletRequest 对象。对于简单的过滤器，多数设计是基于该对象进行处理的。通过此对象可以获取客户端的请求数据。对于针对 HTTP 协议的过滤器，可以将此 request 对象造型成 HttpServletRequest 对象。

第二个参数为 ServletResponse 对象。用来对返回客户端的信息进行设置，除了在两种情形下要使用它以外，通常忽略此参数。一种情形是，如果希望完全阻塞对相关 Web 资源的访问，可调用 response. getWriter()并直接发送一个响应到客户端。另一种情形是，如果希望修改相关的其他 Web 资源的输出，可重新包装此对象，在 Web 资源返回到客户端之前修改其内容，然后发送到客户端。

最后一个参数为 FilterChain 对象。此参数用来控制请求是否传递给另外一个 Servlet 过滤器或其他资源。FilterChain 对象代表了多个过滤器形成的过滤器链。javax. servlet. FilterChain 接口中只有一个方法，方法的声明如下。

```
public void doFilter(ServletRequest request,ServletResponse reponse);
```

调用 FilterChain 对象的 doFilter()方法，表明调用下一个相关的过滤器。如果没有另一个相关的过滤器，则调用请求的 Web 资源本身。FilterChain 参数对于正确的过滤器操作至关重要，在过滤器的 doFilter()方法中调用 FilterChain 对象的 doFilter()方法，目的是本过滤器对请求进行了预处理，因为过滤器中还可能存在其他的过滤器也想对请求信息进行预处理。但如果某过滤器想阻挡 FilterChain 链中其他过滤器的处理，则不需再调用 FilterChain 对象的 doFilter()方法。

3) public void destroy()

此方法在过滤器销毁时调用，例如 Web 服务器关闭。一般是利用它来完成诸如关闭过滤器使用的文件句柄或数据库连接等清除任务。大多数过滤器只是简单地为此方法提供一个空的实现。

2. 在 doFilter()方法中添加需要完成某个过滤功能的代码

步骤是实现过滤器的核心步骤，需要根据过滤器的具体功能编写相应的代码。

3. 调用 FilterChain 对象的 doFilter()方法

该步骤根据实际应用的需求来定，不是必须的。如果要阻止用户继续访问其他资源，则不能调用此方法。例如，对于未授权用户的禁止访问资源的控制。

4. 在 web. xml 文件中部署过滤器

Servlet 过滤器必须配置在 web. xml 文件中，主要配置两个元素，分别是<filter>和<filter-mapping>，<filter>元素用来向服务器注册一个过滤器对象，<filter-mapping>元素指定该过滤器所匹配的 URL。

1) <filter>元素

<filter>元素类似于前面学到的 Servlet 配置的<servlet>元素，是用来定义并注册 Filter 对象的，其配置如下。

```
<filter>
```

```
<filter-name>Filter 名字</filter-name>
<filter-class>Filter 实现类的完全类名</filter-class>
</filter>
```

2）<filter-mapping>元素

<filter-mapping>元素位于 web. xml 文件中的<filter>元素之后，与 Servlet 配置中的<servlet-mapping>一样，是用来匹配客户端请求路径的，其配置有如下两种情况。

一种是使用<servlet-name>标记，将过滤器连接到一个 Servlet 中，代码如下。

```
<filter-mapping>
<filter-name>Filter 名字</filter-name>
<servlet-name>Servlet 名字</servlet-name>
</filter-mapping>
```

另一种是将过滤器映射到某个 URL 模式，代码如下。

```
<filter-mapping>
<filter-name>Filter 名字</filter-name>
<url-pattern>需要过滤的路径</url-pattern>
</filter-mapping>
```

这种方法会获得更大的灵活性，它能够使开发人员将过滤器应用于一组 Servlet、JSP 或任何静态资源。

3）示例：部署过滤器

```
<filter>
<filter-name>characterFilter</filter-name>
<filter-class>myfilter.CharactEncodingFilter</filter-class>
</filter>
<filter-mapping>
<filter-name>characterFilter</filter-name>
<url-pattern> * .jsp</url-pattern>
</filter-mapping>
<filter-mapping>
<filter-name>characterFilter</filter-name>
<servlet-name>loginServlet</servlet-name>
</filter-mapping>
```

上述部署表明 characterFilter 过滤器既在访问所有后缀为 jsp 文件时被激活，也会在访问 loginServlet 时被调用。

根据上面论述的建立过滤器的步骤，完成下面的示例：某网站有两个文件 a. txt 和 b. txt，只有当用户名和密码都是 a 的用户才能访问 a. txt 的内容，只有用户名和密码都是 b 的用户才能访问 b. txt 的内容。

步骤一：建立一个过滤非法用户的过滤器类，目的是过滤掉非法用户的访问请求，代码如下。

```
//过滤非法用户的过滤器类: TestFilter.java
package filter;
import javax.servlet.*;
import javax.servlet.http.*;
import java.io.*;
public class TestFilter extends HttpServlet implements Filter{
private FilterConfig fc;
public void init(FilterConfig fc)throws ServletException{
this.fc=fc;
}
public void doFilter(ServletRequest request,ServletResponse response,
FilterChain filterchain){
try {
HttpServletResponse sr=(HttpServletResponse)response;
sr.setContentType("text/html;charset=GBK");
HttpServletRequest hr=(HttpServletRequest)request;
String path=hr.getRequestURI();
String uname=hr.getParameter("uname");
String upass=hr.getParameter("upass");
if(path.indexOf("a.txt")!=-1){
if("a".equals(uname)&&"a".equals(upass))
filterchain.doFilter(request, response);
else
sr.sendRedirect("error.html");
}
else if(path.indexOf("b.txt")!=-1){
if("b".equals(uname)&&"b".equals(upass))
filterchain.doFilter(request, response);
else
sr.sendRedirect("error.html");
}
else
filterchain.doFilter(request, response);
}
catch (ServletException sx) {
fc.getServletContext().log(sx.getMessage());
}
catch (IOException iox) {
fc.getServletContext().log(iox.getMessage());
}
}
public void destroy() { }
}
```

步骤二：部署过滤器，代码如下。

```
//web.xml
<?xml version="1.0" encoding="UTF-8"?>
<web-app>
<filter>
<filter-name>testfilter</filter-name>
<filter-class>filter.TestFilter</filter-class>
</filter>
<filter-mapping>
<filter-name>testfilter</filter-name>
<url-pattern>/*</url-pattern>
</filter-mapping>
</web-app>
```

在上述配置中，设置此过滤器匹配的路径为“/*”，表示对所有资源访问均调用此过滤器。

步骤三：启动服务，运行。首先访问 a.txt，用户名为 a，密码为 b，即 http://localhost:8080/filter/a.txt? uname=a&upass=b，这样将不能通过过滤器的过滤，运行结果如图 3.6 所示。如果输入正确的用户名和密码，则结果如图 3.7 所示。

图 3.6　无权限访问结果

图 3.7　通过过滤器的运行结果

任务 3.3.6 编码过滤器

步骤一：建立一个字符编码的过滤器，代码如下。

```
//字符编码的过滤器类：EncodingFilter.java
package myfilter;
import javax.servlet.*;
import javax.servlet.http.*;
import java.io.*;
import java.util.*;
public class EncodingFilter implements Filter{
private FilterConfig fc;
//初始化信息，保存 fc 对象
public void init(FilterConfig fc)throws ServletException{
this.fc=fc;
}
//Process the request/response pair
public void doFilter(ServletRequest request,ServletResponse response,
FilterChain filterchain)throws IOException,ServletException{
String encoding=fc.getInitParameter("encoding");
response.setContentType(encoding);
filterchain.doFilter(request, response);
}
//释放资源
public void destroy() { }
}
```

其中，public void init(FilterConfig fc)为初始化方法，只是简单地将 fc 对象保存到类的一个属性上，以备在 doFilter 中使用。在 try 语句块的代码中，为了获得 http 请求的相关信息，需要将 ServletRequest 对象转换成 HttpServletRequest 对象，接着从 web. xml 中获取配置参数“encoding”对应的值，设置编码方式。filterchain. doFilter(request, response)为调用下一资源。

步骤二：部署过滤器，代码如下。

```
//web.xml
<?xml version="1.0" encoding="UTF-8"?>
<web-app>
<display-name>myfilter test</display-name>
<servlet>
<servlet-name>servletA</servlet-name>
<servlet-class>myservlet.ServletA</servlet-class>
</servlet>
<servlet-mapping>
```

```
<servlet-name>servletA</servlet-name>
<url-pattern>/index</url-pattern>
</servlet-mapping>

<filter>
<filter-name>encodingfilter</filter-name>
<filter-class>myfilter.EncodingFilter</filter-class>
<init-param>
<param-name>encoding</param-name>
<param-value>text/html;charset=GBK</param-value>
</init-param>
</filter>
<filter-mapping>
<filter-name>encodingfilter</filter-name>
<url-pattern>/*</url-pattern>
</filter-mapping>
</web-app>
```

在 web.xml 中的粗体代码中设置此过滤器匹配的路径为“/*”，表示对所有的资源访问均调用此过滤器。

步骤三：建立一个 Servlet 类，输出汉字，用于测试编码过滤器。代码如下。

```
//ServletA.java
package myservlet;
import javax.servlet.*;
import javax.servlet.http.*;
import java.io.*;
public class ServletA extends HttpServlet
{
public void init() { }
public void doGet(HttpServletRequest request,HttpServletResponse response)
    throws ServletException,IOException
{
PrintWriter out=response.getWriter();
out.println("我是通过编码过滤器显示出来的文本!");
}
public void doPost(HttpServletRequest request,HttpServletResponse response)
    throws ServletException,IOException
{
doGet(request,response);
}
public void destroy(){ }
}
```

步骤四：启动服务器，访问该 Servlet，结果如图 3.8 所示。

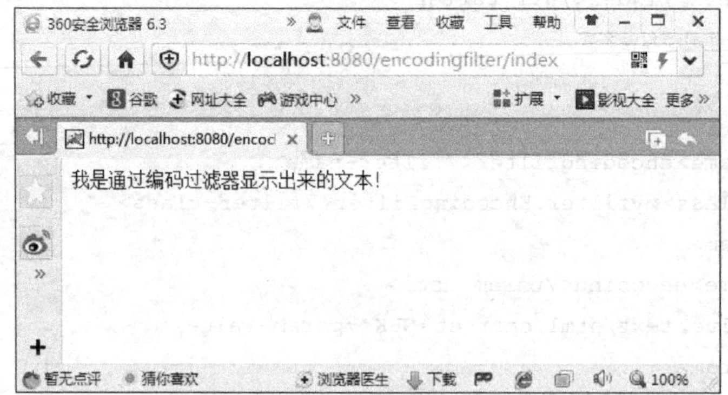

图 3.8　通过编码过滤器的运行结果

步骤五：接下来再增加一个过滤器，要求如下：对于某些 Web 资源，只能在登录成功后允许访问，对未登录或登录失败的用户，跳转到登录页面。建立一个过滤器 LoginFilter. java，验证登录用户的权限。

```
//LoginFilter.java
package myfilter;
import javax.servlet.*;
import javax.servlet.http.*;
import java.io.*;
import java.util.*;
public class LoginFilter implements Filter{
private FilterConfig fc;
//无须过滤的页面
public static String[] NoFilter_Pages={
"/index.html",
"/login.html",
"/login",
};
//Handle the passed-in FilterConfig
public void init(FilterConfig fc)throws ServletException{
this.fc=fc;
}
//Process the request/response pair
public void doFilter(ServletRequest request,ServletResponse response,
FilterChain filterchain) throws IOException,ServletException{
HttpServletRequest req=(HttpServletRequest) request;
HttpServletResponse res=(HttpServletResponse) response;
String path=req.getRequestURL().toString();
HttpSession session=req.getSession(true);
```

```
//从 session 里取的用户名信息
String username= (String) session.getAttribute("username");
for (int i=0; i<NoFilter_Pages.length; i++) {
if (path.indexOf(NoFilter_Pages[i])>-1) {
filterchain.doFilter(req, res);
return;
}
}
//判断如果没有取到用户信息,就跳转到登录页面
if (username==null || "".equals(username)) {
//跳转到登录页面
res.sendRedirect(req.getContextPath()+"/login.html");
}
else {
//已经登录,继续此次请求
filterchain.doFilter(request,response);
}
}
//释放资源
public void destroy() { }
}
```

在上述代码中,NoFilter_Pages 表示无需过滤的页面,包括 index. html(网站首页面)、login. html(登录页面)、login(处理登录请求的 Servlet 的访问路径)。如果所有的 Web 资源都需经过 LoginFilter 过滤,就不能访问任何 Web 资源,也就无法登录,那么该过滤器就失去了过滤的意义。

步骤六:在 web. xml 中添加相应配置,代码如下。

```
//web.xml
<?xml version="1.0" encoding="UTF-8"?>
<web-app>
<display-name>myfilter test</display-name>
<servlet>
<servlet-name>servletA</servlet-name>
<servlet-class>myservlet.ServletA</servlet-class>
</servlet>
<servlet-mapping>
<servlet-name>servletA</servlet-name>
<url-pattern>/index</url-pattern>
</servlet-mapping>
<servlet>
<servlet-name>servletB</servlet-name>
<servlet-class>myservlet.ServletB</servlet-class>
</servlet>
```

```
<servlet-mapping>
<servlet-name>servletB</servlet-name>
<url-pattern>/login</url-pattern>
</servlet-mapping>
<filter>
<filter-name>loginfilter</filter-name>
<filter-class>myfilter.LoginFilter</filter-class>
</filter>
<filter-mapping>
<filter-name>loginfilter</filter-name>
<url-pattern>/*</url-pattern>
</filter-mapping>
<filter>
<filter-name>encodingfilter</filter-name>
<filter-class>myfilter.EncodingFilter</filter-class>
<init-param>
<param-name>encoding</param-name>
<param-value>text/html;charset=GBK</param-value>
</init-param>
</filter>
<filter-mapping>
<filter-name>encodingfilter</filter-name>
<url-pattern>/*</url-pattern>
</filter-mapping>
</web-app>
```

同一个 Web 应用中配置了两个过滤器，且匹配的都是相同的路径（"/*"）。这在 Servlet 配置中是不允许的，因为不同 Servlet 匹配的路径不能相同。但在过滤器中是允许的，每一个配置的过滤器都将被服务器所调用。在相同的请求到来时，服务器将会按照 web.xml 中定义的<filter-mapping>顺序依次调用相关的过滤器。例如，上例中将会首先调用 loginfilter，之后是 encodingfilter。

步骤七：编写登录页面 login.html、欢迎页面 please.html、首页面 index.html，部分代码如下。

```
//login.html
<html>
<title>登录页面</title>
<body>
<form action="login" method="get">
用户名:<input type="text" name="user"><br>
密码:<input type="password" name="pass"><br>
<input type="submit" value="登录">
<input type="reset" value="清空">
</form>
```

```
</body>
</html>

//index.html
<html>
<title>首页面</title>
<body>
<a href="login.html">登录</a><br>
<a href="please.html">欢迎</a><br>
</body>
</html>
```

步骤八：编写处理登录请求的 Servlet，当用户名为"abc"、密码为"123"时，显示登录成功，并将登录信息存储在 HttpSession 对象中，否则重新跳转到登录页面，继续登录。代码如下。

```
//ServletB.java
package myservlet;
import javax.servlet.*;
import javax.servlet.http.*;
import java.io.*;
public class ServletB extends HttpServlet{
public void init(){ }
public void doGet(HttpServletRequest request,HttpServletResponse response)
    throws ServletException,IOException{
HttpSession session=request.getSession(true);
PrintWriter out=response.getWriter();
String user=request.getParameter("user");
String pass=request.getParameter("pass");
if("abc".equals(user)&&"123".equals(pass)){
session.setAttribute("username",user);
out.print("登录成功!");                          //通过编码过滤器将不会显示乱码
}
else{
response.sendRedirect(request.getContextPath()+"/login.html");
}
}
public void doPost(HttpServletRequest request,HttpServletResponse response)
    throws ServletException,IOException{
doGet(request,response);
}
public void destroy(){ }
}
```

步骤九：启动服务器，访问该 Web 项目中的各个资源，其中未登录可以直接访问首页面、登录页面，但不能访问欢迎页面，只有登录成功才可以访问欢迎页面。运行结果如图 3.9～图 3.12 所示。

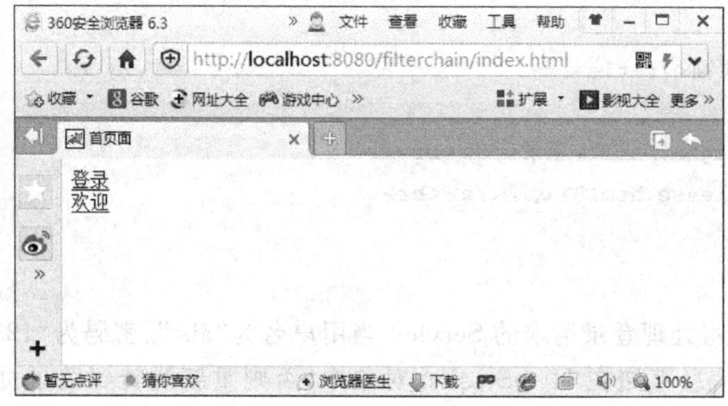

图 3.9　首页面

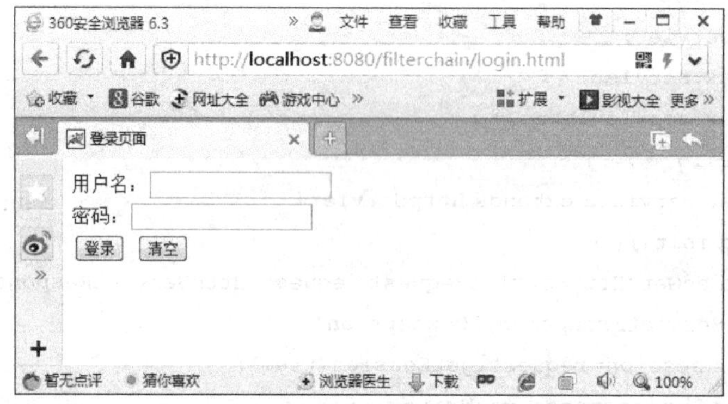

图 3.10　单击欢迎超链接进入登录页面

图 3.11　登录成功页面

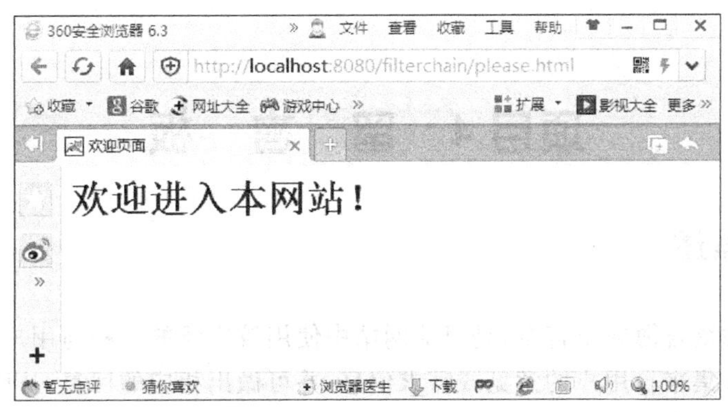

图 3.12　登录成功后访问欢迎页面

3.4　学习总结

1. 侦听 ServletContext 对象变化的侦听器的应用。
2. 侦听 Session 对象变化的侦听器的应用。
3. 过滤器的概念、生命周期和应用。
4. 创建过滤器需要完成 4 个步骤。

3.5　课后习题

1. 如何部署侦听器?
2. 简述建立一个过滤器的基本步骤。
3. 某网站有 a.jsp 和 b.jsp 两个页面,a.jsp 是普通用户的访问页面,b.jsp 是 VIP 用户的访问页面。网站的管理人员希望使用过滤器,使普通用户在试图访问 b.jsp 时,系统自动将其转到 a.jsp 页面。

项目4 留 言 板

4.1 项目描述

留言板又称留言簿或留言本,是目前网站中使用较广泛的一种与用户沟通、交流的方式。留言板可收集来自用户的意见或需求信息,并可做出相应的回复,从而实现网站与客户之间及不同客户之间的交流与沟通。

本项目主要完成的功能如下。

(1) 添加留言。

(2) 查看留言。

(3) 删除留言。

4.2 学习目标

学习目标:

(1) 了解 JSP 的基本概念、构成以及执行过程。

(2) 掌握 JSP 的基础语法,包括脚本元素、指令、标准动作、注释以及转义规则等。

(3) 会使用 JSP 的九大隐含对象。

(4) 能理解 JSP 的 4 种属性作用范围: page、request、session、application。

(5) 能够编写留言板。

本项目通过完成留言板的编写,展开 JSP 的基本概念、语法、隐含对象、属性作用范围等相关知识的介绍。

4.3 项目实施

任务 4.3.1 JSP 简介

1. JSP 的概念

JSP(Java Server Pages)是由 Sun Microsystems 公司倡导、许多公司参与建立的一种动态网页技术标准。该技术为创建显示动态生成内容的 Web 页面提供了一个简捷而快速的方法。JSP 页面从形式上就是在传统的网页 HTML 文件中加入 Java 程序片断和 JSP 标签。JSP 文件的扩展名为. jsp。在目前流行的 3P 技术(3P 技术是 ASP,Active Server Pages;PHP,Personal HomePage;JSP,Java Server Pages)中,JSP 已经逐渐成为 Internet 上的主流开发工具。JSP 是基于 Java Servlet 以及整个 Java 体系的 Web 开发技术,具有动态页面与静态页面分离、能够脱离硬件平台束缚、“一次编写,各处运行”等优点。利用这一技术可以建立安全、跨平台的先进动态网站。自从 1998 年初,Sun 公司发布了第一个公开的 JSP 规范草稿,JSP 技术就不断更新、完善,目前已发展得较为成熟。

2. JSP 的特点

JSP 主要有如下 5 个方面的特点。

1) 内容生成与表示相分离

使用 JSP 技术,Web 页面开发人员可以使用 HTML 或 XML 设计和格式化最终页面,使用 JSP 标签或脚本来生成页面上的动态内容。生成内容的逻辑被封装在标签和 JavaBean 组件中,并且捆绑在脚本中,所有脚本在服务器端运行。如果核心逻辑被封装在标签和 JavaBean 组件中,那么其他人员,如页面设计者或 Web 管理人员,就能够编辑和使用 JSP 页面,而不影响内容的生成。

在服务器端,JSP 引擎解释 JSP 标签和脚本,生成所请求的内容,并且将结果以 HTML 或 XML 页面的形式发送回浏览器。这有助于作者保护自己的代码,并且保证任何基于 HTML 的 Web 浏览器的完全可用性。

虽然 JSP 的实质是 Servlet,但与 Servlet 相比,内容生成与表示相分离是 JSP 的一个优点,这是 Servlet 无法解决的。

Servlet 需要用 out. println()语句一句一句地输出,比如下面的一段简单程序,代码如下。

```
……
out.println("<html>");
out.println("<head><title>Java Web 学习</title></head>");
out.println("<body>");
……
out.println("您好,欢迎来到 Java Web 课堂!<br>");
out.println("现在您在使用 Servlet 输出 HTML 标记。");
……
out.println("</body>");
out.println("</html>");
……
```

当整个网页内容非常多且复杂的时候,就会有很多 out. println()输出 HTML 标记,这样写程序会很烦,并且容易出错。

JSP 则很好地解决了这个问题。JSP 将内容的动态生成与静态表示很好地分离开来。例如,下面代码中的 JSP 片断代码,HTML 标记都由静态内容表示,而不用 Java 代码输出,将 HTML 标记和 Java 程序动态输出的内容分开了。这样就有利于美工去美化网页,而不必去关注 Java 代码,也有助于 Java 编程人员不必关注网页的美化,而只关心自己的 Java 代码。

```
<html>
```

```
<head><title>Java Web 学习</title></head>
<body>
<%
out.println("您好,欢迎来到 Java Web 课堂!<br>");
out.println("现在您在使用 JSP 输出 HTML 标记。");
%>
</body>
</html>
```

2）使用可重用的组件

可重用组件是一个程序，它可以被多个程序(如 JavaBean)使用。绝大多数 JSP 页面依赖于可重用的跨平台组件(JavaBean 或 EJB: Enterprise JavaBean)，执行应用程序所要求的更为复杂的处理。开发人员能够共享和交换执行普通操作的组件，或者使这些组件为更多的用户所使用。基于组件的开发方法加速了总体开发过程。

JSP 还在 JSP 文件中使用其他 JSP 或 HTML 文件，这些文件被视为远程资源。JSP 将为之提供 include 指令，通过该指令可以在 JSP 页面中插入远程资源的内容。include 指令将被文件替换。

3）可移植性

JSP 的重要特点之一就是它由 Java 语言构建，是 Java 应用程序的一种。Java 技术最鲜明的特点之一就是工作平台具有独立性。如果学习过 Java 语言，一定听说过“Write Once,RunAnywhere”这句名言。与之相同，JSP 也不必考虑在 Web 服务器环境的操作系统相关性。

不管 JSP 在何种平台中编写，只要服务器中有 JSP Container，就可以使用原先编写的程序来运行。正是因为它是由 Java 语言编写的程序，所以以 JSP 为基础编写的 Web 应用程序可以在其他 Web 服务器中运行，无需更改。这是 Java 系列产品共同的优点。所以，JSP 开发者只需编写 JSP 程序，无需考虑其硬件是怎样构成的、运行体系是怎样的等问题。

在数据库连接上，JSP 也有相同的优势。JSP 与数据库连接时，只需使用由 Java 提供的 JDBC(Java Data Base Connectivity)。JDBC 也独立于平台工作，所以不必担心使用 JDBC 而使平台变更。由于 Java 具有这种特性，使得基于 JSP 开发的 Web 应用程序可以很简单地在新开发的软件中重用。

4）采用标签简化页面开发

Web 页面开发人员不一定都是熟悉脚本语言的编程人员。JSP 技术封装了许多功能，这些功能是在 XML 标签中生成动态内容需要的。JSP 使得对脚本语言不是很了解的 Web 开发人员也可以设计页面。标准的 JSP 标签能够访问和实例化 JavaBean 组件、设置或检索组件属性、下载 Applet 等。

如果 JSP 中的现有标准标签不能用于执行所需的功能，可以通过开发自定义的标签库扩展 JSP 技术，为常用功能创建自己的标签库。Web 页面开发人员能够使用这些工具简化页面开发。

另外，JSP 还允许使用开发工具，如 Macromedia Dreamweaver 和 JBuilder。这些工

具可以简化和加速 Web 开发过程。

5）完善的存储管理和安全性

由于 JSP 页面的内置脚本语言是基于 Java 语言的，而且所有 JSP 页面都被编译成 Java Servlet，所以 JSP 页面就具有 Java 技术的所有优点，包括完善的存储管理和安全性。

3. JSP 的知识体系

JSP 技术并非单纯的 JSP 语法和几个 JSP 页面，而是一种涉及其他多种技术的综合技术，包括 HTML、Java、JavaScript、Servlet、JDBC 等。它是一个较为庞大的知识体系，各种知识之间有一定的层次关系，如图 4.1 所示。

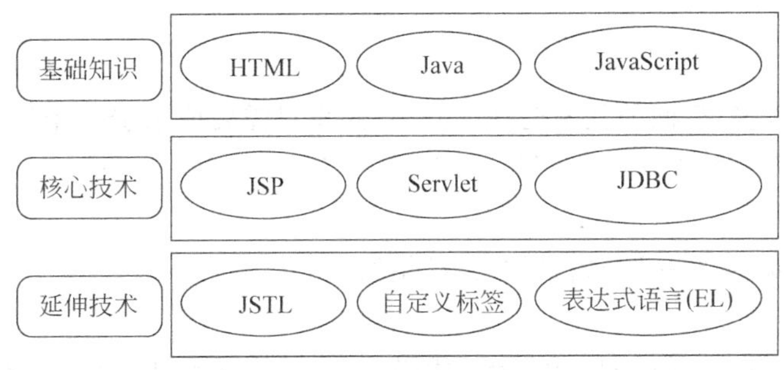

图 4.1　JSP 知识体系

面对如此复杂的知识体系，建议首先必须很好地掌握 HTML 和 Java 两门技术，对 JavaScript 有一定的了解，能够读懂一般的 JavaScript 代码，然后要深入地学 Servlet 和透彻地理解 Servlet 运行机制，在此基础上再熟练地掌握 JSP 基本语法和 JDBC 数据库标准接口的使用。最后，为了进一步提高 JSP 开发效率，还可以学习自定义标签库、JSTL 和表达式语言（EL）等较高级的技术。

4. JSP 与 Java Servlet 技术

Servlet 技术是 Java 动态 Web 技术的基础。它是用 Java 书写的一种规范，是与平台无关的服务器端构件，可以在支持 Servlet 的 Web 服务器或应用服务器上运行。Servlet 技术将动态程序编译成字节码，然后在 Web 容器中运行。由于 JSP 与 Servlet 有着极为密切的联系，因此必须首先掌握好 Servlet。

实际上，Servlet 是 JSP 的基础，对于 Java 虚拟机的编译机制，只能识别符合 Java 语法的代码文件，而对于 JSP 文件，是不可能由虚拟机直接编译的。Web 服务器充当了将 JSP 语言转换成 Java 代码的中间件。在客户端访问某一 JSP 页面时，Web 服务器首先将此 JSP 转换成 Servlet 源代码，再由虚拟机编译运行，返回相应的结果给客户端。所以，JSP 在某种角度上说就是 Servlet，所有 Servlet 能做的事，JSP 一样可以处理。但并不是说 JSP 可以替代 Servlet。对于企业来说，一个好的 Web 项目至少分 3 层：数据层、业务层、表示层，当然也可以更复杂。Servlet 很适合开发业务层，但是对于表示层的开发就很不方便。JSP 则主要是为了描述表示层而设计的。

在一个良好的 Web 应用中，JSP 中应该仅仅存放与表示层有关的数据，也就是说，只存储HTML网页的部分。而所有的数据计算、数据分析、数据库相关处理，都属于业务层，应该放在后台组件中处理，如Servlet或JavaBean技术，然后通过JSP来调用后台组件，实现多层构架的整合。

5. JSP的构成

JSP页面主要由以下元素构成：静态内容、表达式、Scriptlet、声明、动作、注释等。下面就对JSP的元素做一个简单介绍。

1）静态内容

JSP静态内容就是页面中的静态文件，它基本上是HTML文本，与Java和JSP语法无关。

2）JSP指令

JSP指令有很多，后面的任务会详细介绍，这里只需要明白JSP中哪些内容是JSP指令即可。JSP指令一般以“＜%@”开始，以“%＞”结束。

3）表达式

JSP表达式以“＜%=”开始，以“%＞”结束。

4）Scriptlet

Scriptlet是嵌在页面里的一段Java代码，以“＜%”开始，以“%＞”结束，中间是Java代码，所以也有人称Scriptlet为代码片断。

5）声明

JSP声明用于定义JSP页面中的变量和方法，它以“＜%!”开始，以“%＞”结束。

6）动作

JSP动作允许在页面间转移控制权。JSP动作也有很多，在后面的任务中将陆续介绍，它基本上以“＜jsp:动作名＞”开始，以“＜/jsp:动作名＞”结束。

7）注释

注释的格式有两种：一种注释以“＜!--”开始，以“--＞”结束，中间注释内容，可以在客户端通过查看源码看到它；另一种注释以“＜%--”开始，以“--%＞”结束，中间是注释内容，在客户端通过查看源码也看不到它。

6. JSP与PHP、ASP/ASP.NET的比较

目前，主流的动态网页技术主要有ASP/ASP.NET、PHP、JSP等。它们在技术上各有优缺点，不能简单地说某种技术优于另一种技术。但JSP以其功能强大、跨平台的特性，在众多技术中独树一帜。下面就将JSP与其他几种主流技术作一个简单比较。

1）JSP与PHP的比较

PHP是一种能快速学习、跨平台的HTML内嵌式开发语言。它大量借用了C、Java和Perl语言的语法，并结合自己的特性，提供了比CGI或Perl更快速执行的动态网页，与HTML语言具有非常好的兼容性。

PHP还能够支持多种数据库，如Microsoft SQL Server、MySQL、Sybase、Oracle等，它与数据库连接方便，兼容性、扩展性强，并且可以进行面向对象编程。

另外,PHP还具有良好的安全性。由于PHP代码开放,所以它的代码在许多工程师手中进行了检测,它与Apache编译在一起的方式也可以让它具有灵活的安全设定。PHP的安全性能已经得到了公认。

PHP虽然具有以上优点,但是相对于JSP仍有以下劣势。

(1) 缺少企业级支持。

PHP主要应用于一些中小型系统。因为它缺乏多层结构的支持,也缺乏组件的支持,所有的扩充只能依靠PHP开发组件给出的接口。事实上,这样的接口还不够多,同时难以将应用服务器这样的特性加入到系统中去,而一个大型的站点或是企业级的应用正需要这样的支持。

(2) 没有统一的数据库操作接口。

PHP的所有扩展接口都是独立团队开发完成的,开发时为了形成相应数据的个性化操作,因此针对每种数据库的开发语言和操作接口几乎完全不同。这就使得数据库升级后,基于一种数据库的开发工作几乎需要修改全部代码。而为了让应用支持多种数据库,开发人员就要针对同样的数据库操作,使用不同代码写出多种代码库来,这无疑使工作量大大增加。同时,PHP缺乏统一的数据库操作接口,这也使得它不适合应用于电子商务中。

(3) 安装较为复杂。

由于PHP的每一种扩充模块并不是完全由PHP本身来完成的,需要许多外部的应用库,例如图形需要GD库、LDAP需要LDAP库等。安装完相应的应用后,再链接进PHP中来,只有在这些环境下才能方便地编译对应的扩展库。这些都是一般开发人员在使用PHP前首先要面对和解决的问题。

(4) 缺少正规的商业支持,无法实现商品化应用的开发。

由于PHP没有任何编译性的开发工作,所有开发都是基于脚本技术完成的,所以所有的源代码都无法编译,完成的应用只能是自己或内部使用,难以实现商品化。

2) JSP与ASP/ASP. NET的比较

ASP是Active Server Pages的简写,是Microsoft公司于1996年11月推出的Web应用程序开发技术。它既不是一种程序语言,也不是一种开发工具,而是一种技术框架。它是一个Web服务器端的开发环境,利用它可以产生和执行动态的、互动的、高性能的Web服务应用程序。

ASP技术与JSP类似,两者都在HTML代码中混合某种程序代码,且由语言引擎解释执行程序代码。ASP的编程语言是VBScript之类的脚本语言,JSP使用的则是Java,这是两者最明显的区别。但是ASP与JSP更为本质的差别,是两种语言引擎用完全不同的方式处理页面中嵌入的程序代码:在ASP下,VBScript代码被ASP引擎解释执行;在JSP下,代码被编译成Servlet,由Java虚拟机执行,并且这种编译操作仅在对JSP页面的第一次请求时发生。因此,一般说来,JSP比ASP响应速度更快。

ASP最大的优势在于它的简单易用,容易编写。使用普通的文本编辑器,例如记事本,都可以完成编写。由于ASP使用的脚本语言都在服务器而不是客户端运行,因此客户端的浏览器不需要提供任何别的支持,这大大提高了用户与服务器之间的交互速度。

ASP 的优势决定了当只需要在 Windows 上开发应用程序,而且应用程序规模不大,处理逻辑也比较简单的时候,它将成为最佳的选择。

ASP.NET 是 Microsoft 随后主推的新体系机构.NET 的一部分,是 ASP 和.NET 技术的结合品,但它不是 ASP 的简单升级,而是全新一代的动态网页实现系统。它使用了新的开发语言、不同的运行机制和开发方式,用于一台 Web 服务器建立强大的应用程序。ASP.NET 提供基于组件、事件驱动的可编程网络表单,大大简化了编程,还可以轻松建立网络服务。但是,ASP/ASP.NET 相对 JSP 仍有以下劣势。

(1) Windows 本身的所有问题都会一成不变地累加到 ASP,ASP.NET 身上。

ASP/ASP.NET 开发的应用程序在安全性、稳定性和跨平台性等诸多方面存在的问题都会因为与 Windows 捆绑而显现出来。而 JSP 页面的内置脚本语言是基于 Java 程序设计语言的,JSP 页面就具有 Java 技术的诸多特点,如健壮的存储管理和安全性等。

(2) COM 组件带来的问题。

由于使用了 COM 组件,ASP 变得十分强大,但是这样的强大由于 Windows 系统最初的设计问题而引发大量的安全问题。只要在该组件设计或是操作系统配置中稍不注意,外部攻击就可以取得相当高的权限,导致网站瘫痪或数据丢失。

(3) 可移植性差。

ASP/ASP.NET 无法做到与 JSP 一样的平台无关性,因此也无法实现跨操作系统的应用。

(4) ASP 无法完全实现企业级功能。

JSP 借助 Servlet、JavaBean 和 EJB 等组件,可以很好地实现处理逻辑和页面表示的分离,这些技术共同构建的 J2EE 规范和框架是当前实现企业级开发的流行标准;而 ASP 中的处理逻辑和页面显示混杂在一起,没有提供方便的分离机制,这对于很多大型应用是难以接受的。当然,微软也早已意识到这一问题,因此随.NET 平台推出的 ASP.NET 也提供了方便的分离机制。

7. JSP 执行过程

JSP 页面的执行过程如图 4.2 所示。

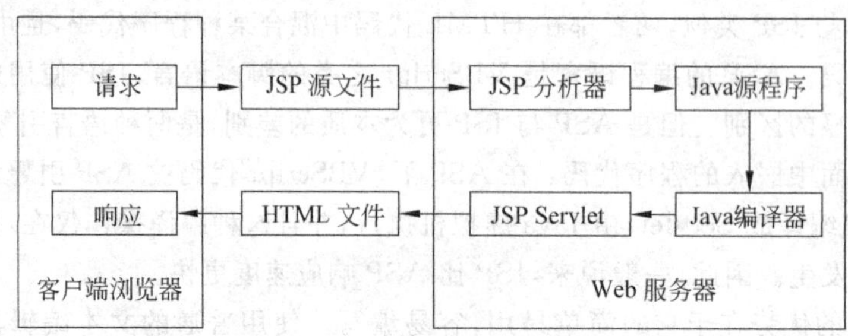

图 4.2 JSP 的执行过程

(1) 客户端浏览器向 JSP 页面发出一个请求。

(2) JSP 引擎分析 JSP 文件的内容。

(3) JSP 引擎根据 JSP 文件的内容创建临时 Servlet 源代码，所产生的 Servlet 负责生成在设计时说明 JSP 页面的静态元素以及创建页面的动态元素。编译 JSP 文件时，如果发现有任何语法错误，转换过程将中断，并向客户端发出出错信息，如果编译成功，则转入下一步。

(4) Servlet 的源代码由 Java 编译器编译成为 Servlet 类文件。

(5) 实例化 Servlet，该 Servlet 被 JSP 引擎加载到内存中，此时 JSP 引擎调用 Servlet 的 jspInit 和 jspService 方法，并执行 Servlet 逻辑。

(6) 静态 HTML 和图形相结合，再与 JSP 页面定义中说明的动态元素结合在一起，通过 Servlet 响应对象的输出流传送到浏览器。

从形式上看，JSP 页面是一种文本文件，更像 HTML 文档，但是从 Web 应用和 Web 服务器容器的角度看，它是一种 Servlet，因为它从本质上看是 Servlet 的一种扩展。分析和编译 JSP 页面后，会创建一个 Servlet，此时开始 Servlet 的生命周期。在 Servlet 生命周期中，JSP 引擎(Web 容器)会加载和创建 Servlet 类的实例。调用 jspInit 方法，以初始化 Servlet 类；调用 jspService 方法，并将请求和响应对象传递给 jspService 方法；调用 jspDestroy 方法，以删除 JSP 页面的 Servlet。

由于 JSP 页面存在分析和编译工作，所以 JSP 引擎第一次处理 JSP 请求时，请求用户收到响应前可能有较长的延迟。但在后续的请求中，这些工作都已经完成，就不存在这一时间延迟问题了。处理后续的用户访问时，JSP 和 Servlet 的执行速度没什么不同了。执行 JSP 网页时，通常可分为转义时期(Translation Time)和请求时期(Request Time)。

(1) 转义时期：JSP 网页转义成 Servlet 类。

(2) 用户请求处理时期：Servlet 类执行后，响应结果至客户端。

转义时期主要完成两件事：将 JSP 网页转义为 Servlet 源代码(.java)，此段称为翻译时期；将 Servlet 源代码(.java)编译成 Servlet 类(.class)，此段称为编译时期。JSP 网页执行时，JSP 容器会检查 JSP 页面是否更新修改。如果 JSP 网页有更新修改，JSP 容器会重新转义 JSP；如果 JSP 没有更新，就直接执行前面所产生的 Servlet。当 JSP 被转义成 Servlet 时，内容主要包含 3 个方法。

(1) public void_jspInit()：当 JSP 网页一开始执行时，最先执行此方法。

(2) public void_jspService(HttpServletRequest req, HttpServletResponse res)：JSP 网页最主要的程序都在此方法中，由该方法来处理用户请求。

(3) public void_jspDestroy()：JSP 网页最后执行的方法。

另外，也可以用图 4.3 更形象地说明 JSP 程序的执行流程。

任务 4.3.2 JSP 页面基本结构

一个 JSP 文件主要由指令元素、脚本元素、动作元素、注释等部分组成。这些元素共同构成了 JSP 的基础语法。

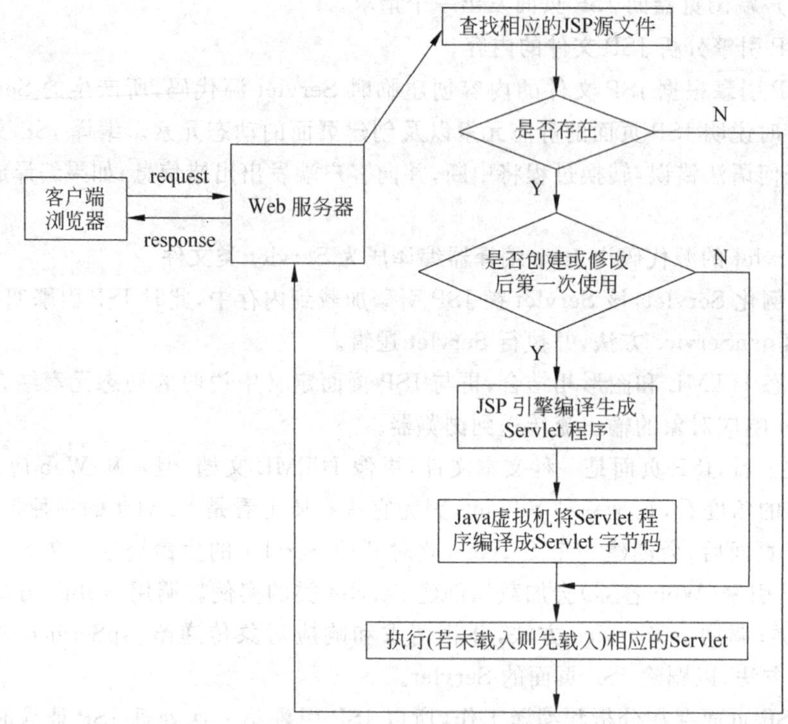

图 4.3 JSP 执行流程图

1. JSP 注释

JSP 注释可分为 3 种：一种是在客户端显示的注释；另一种是客户端看不到，只给开发人员专用的注释，称为隐式注释；还有一种是脚本注释。

1) HTML/XML 注释(显示注释)

JSP 语法格式如下。

```
<!--comment [<%=expression%>]-->
```

例如：

```
<!--一个典型的 JSP 示例-->
```

这种类型的注释可以在客户端浏览器中看到。另外这种注释中可以有表达式。

例如：

```
<!—现在的时间为:<%=(new java.util.Date()).toLocalString()%>-->
```

客户端浏览器的 HTML 源代码中会显示如下内容。

```
<!--现在的时间为: May 2,2014-->
```

显式注释和 HTML 中的注释很像，格式完全相同。两者的不同之处在于前者可以使用表达式，这个表达式是不定的，由页面来决定。

2）隐式注释

JSP 语法格式如下。

```
<%--comment--%>或者<%/**comment**/%>
```

例如：

```
<%--显示你的访问次数--%>
```

这段隐藏注释标记的字符会在 JSP 编译时被忽略。Web 服务器不会对<%--和--%>之间的语句进行编译，它也不会被送到客户端的浏览器中。因此，在浏览器中查看源代码时看不到这种隐藏注释代码。

3）Scriptlets 中的注释

由于 Scriptlets 都是由 Java 代码写成的，因此所有 Java 中的注释规范在 Scriptlets 中也同样适用。常用的 Java 注释中，使用“//”表示单行注释，使用“/ **　　* /”表示多行注释。

2. JSP 脚本元素

JSP 脚本元素是 JSP 代码中最常用的元素，特别是 Scriptlets。在早期的 JSP 代码中，Scriptlets 占有主导地位。脚本元素是用 Java 写的脚本代码，它允许变量声明和函数声明，并可以包含任意的 Java 脚本代码和对表达式的计算。JSP 的脚本元素包括 3 种：声明(Declaration)、表达式(Expression)和脚本小程序(Scriptlet)，下面逐一详细介绍。

1）声明(Declaration)

在 JSP 中，声明是一段 Java 代码，用于在 JSP 页面中定义方法或变量，也就是编译成 Servlet 后所产生类文件中的类的属性和方法。这些方法和变量可被同一页中的其他代码访问。大多数情况下，应该在 JavaBean 中定义方法，然而，有时候在网页内定义方法更方便一些，尤其是当代码只用于单一页面时。声明的语法格式如下。

```
<%!
variable declaration;
method declaration(parmaType param,…){ }
%>
```

不论定义方法还是变量，声明都包含在<%!%>标记内，每个声明后面都必须有一个分号，就像在普通 Java 类中声明成员变量一样。下面再举个例子进一步说明。

```
<%--声明变量和方法-->
<%!
private int i=3,j=2;
private String str="The product of i and j is";
public int produce(){
return i*j;}
%>
```

上面的代码中声明了两个整型变量和一个String类型变量，以及一个求乘积的produce方法。声明并不在JSP页面内产生任何输出，它们仅仅用于定义，而不生成输出结果。生成结果的任务是由JSP表达式或脚本小程序完成的。

2）表达式(Expression)

简单地说，JSP表达式用来把Java数据直接插入到输出。表达式在JSP请求处理阶段计算它的值，所得结果转换成字符串，并与模板数据组合在一起。表达式在页面的位置，也就是该表达式计算结果所处的位置。表达式的语法格式如下。

```
<%=expression%>
```

如果表达式的某一部分是一个对象，就可以使用toString( )函数进行转换。表达式必须有一个返回值或本身就是一个对象，实际上表达式被转换成out. println( )方法中的内容。

例如：

```
<%="Hello World! "%>
```

Web服务器将其编译成Servlet后，变成如下一行代码。

```
out.write(String.valueOf("Hello World! "));
```

相当于JSP页面中的：

```
out.println("Hello World! ");
```

使用表达式让程序变得更为简洁。但是必须注意以下两点。

(1) 表达式结束处不可以使用分号。

(2) 表达式可以包含其他表达式，有时候也能作为其他JSP元素的属性值。下面看一个最简单的表达式例子。

```
<%!
private int i=3;
private String str="The value of i is ";
%>
<%=str%>
<%=i%>
```

浏览器上将打印如下结果。

```
The value of i is 3
```

3）脚本小程序(Scriptlet)

脚本小程序(Scriptlet)即JSP代码段或脚本段，嵌在<%和%>之间，是一段可以在处理请求时间执行的Java代码。它可以产生输出，并将输出发到客户的输出流里；也可以是一些流程控制语句。当然，它还可以包含合法的Java注释。Scriptlet的语法格式如下。

```
<%scriptlet%>
```

示例：使用代码段，以直角三角形的形式显示 1～9 之间的数字。

步骤一：编写显示数字的 JSP 文件，代码如下。

```
//number.jsp
<html>
<head><title>number</title></head>
<body>
<%
for(int i=1;i<10;i++){
for(int j=1;j<=i;j++){
out.println(j);}
out.println("<br>");}
%>
</body>
</html>
```

步骤二：部署 Web 应用程序目录，编写配置文件 web.xml，代码如下。

```
//web.xml
<?xml version="1.0" encoding="UTF-8"?>
<web-app>
</web-app>
```

步骤三：启动服务器，访问 number.jsp 页面，运行结果如图 4.4 所示。

图 4.4 执行结果

Scriptlet 常和 html 搭配使用，下面的程序 table.jsp 就是一个两者结合的例子。该例用很少的几行代码产生了一个表格。

```
//table.jsp
<html>
<head>
<title>table</title>
```

```
</head>
<body>
<table border=2>
<%for(int i=0;i<3;i++){%>
<tr>
<td>Number</td>
<td><%=i+1%></td>
</tr>
<%}%>
</table>
</body>
</html>
```

部署 Web 应用程序目录，启动服务器，访问 table.jsp。运行结果如图 4.5 所示。

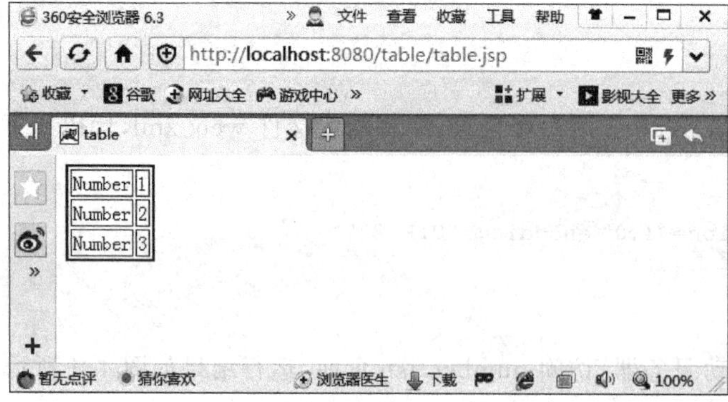

图 4.5 table.jsp 执行结果

最后结合三种 JSP 脚本元素，举例进一步展示 JSP 脚本元素的用法。示例将把整数金额自动转换为两位小数的金额，使之更加符合人民币的表示习惯。代码如下。

```
//test.jsp
<%@page contentType="text/html;charset=GBK"%>
<%!
String SEPAPATOR=".";
public String covertAmount(String money){
int index=money.indexOf(SEPAPATOR);
String str=money;
if(index==-1)
str=money+".00";
return str;
}
%>
<html>
<head>
<title>test</title>
```

```
</head>
<body>
<%
String money1="100";
String newMoney1=covertAmount(money1);
String money2="999";
String newMoney2=covertAmount(money2);
%>
<p align="center">将整数金额转化为两位小数的金额</p>
<table width="60%" border="1" align="center">
<tr><td>转换前的金额</td>
<td>转换后的金额</td></tr>
<tr><td> <%=money1%></td>
<td> <%=newMoney1%></td></tr>
<tr>
<td> <%=money2%></td>
<td> <%=newMoney2%></td>
</tr>
</table>
</body>
</html>
```

在浏览器地址栏输入：http//localhost:8080/test/test. jsp。运行结果如图 4. 6 所示。

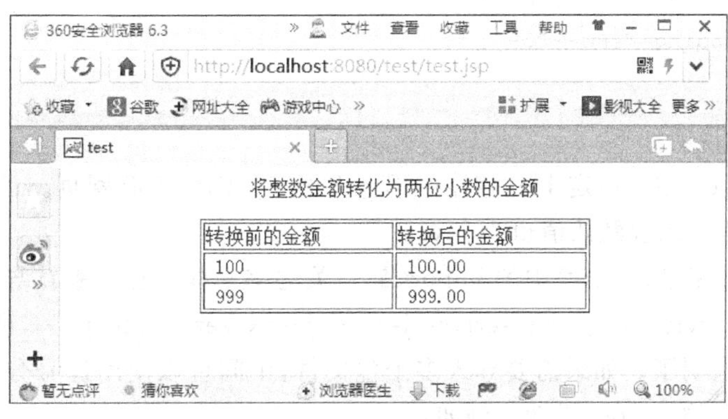

图 4. 6　test. jsp 运行结果

3. JSP 指令元素

指令元素是针对 JSP 引擎的，用于从 JSP 发送一个信息到容器上。这些指令可以设置全局变量，声明类、要实现的方法和输出内容的类型等。它们不会向客户产生任何看得见的输出，所有的指令都在 JSP 整个文件范围内有效，为翻译阶段提供了全局信息。

JSP 共有三种指令元素：page、include 和 taglib。下面详细介绍这 3 种指令。

1) 页面指令 page

页面指令即 page 指令，用于定义 JSP 文件中的全局属性。页面指令定义了许多影响到整个页面的重要属性。一个 JSP 页面可以包含多个页面指令，在编译过程中，所有的页面指令都被抽出来，同时应用到一个页面里。除了 impot 指令外，其他的页面指令定义的属性值只能出现一次。页面指令的语法格式如下。

```
<%@page attribute1="value1" attribute2="value2"…%>
```

其中，attribute 的可取值为 language、import、contentType、session、buffer、autoFlush、isThreadSafe、info、errorPage、isErrorPage、extends。attribute 的值 value 要用单引号或是双引号括起来，详细语法如下。

```
<%@page
   [language="java "]
   [import="{package.class|package.* },…"]
   [contentType="TYPE;charset=CHARSET "]
   [session="true|false "]
   [buffer="none|8kb|size in kb "]
   [autoFlash="ture|false "]
   [isThreadSafe="true|false "]
   [info="text "]
   [errorPage="relativeURL "]
   [isErrorPage="true|false "]
   [extends="package.class "]
   [isELIgnored="true|false "]
   [pageEncoding="ISO-8859-1 "]
%>
```

其中的属性说明如下。

(1) language：主要指定 JSP 容器要用什么语言来编译 JSP 网页。目前，JSP 必须使用的是 Java 语言。系统默认值也为 Java。

(2) import：和 Java 语言中的 import 属性关键字一样。程序默认导入的包有 java. lang. * 、javax. servlet. * 、javax. serlvet. jsp. * 、javax. servlet. http. * ，所以需要这些包时，就不需要再指明了。如果需要导入多个包文件，中间可以使用逗号分开，或者可以多次使用 page 指令的 import 属性。例如：

```
<%@page import="java.sql.*,java.util.*"%>
```

或者：

```
<%@page import="java.sql.*"%>
<%@page import="java.util.*"%>
```

(3) contentType：定义了 JSP 页面及其相应的字符编码以及 JSP 页面响应的 MIME 类。其作用相当于 HttpServletResponse 接口的 setContentType()方法。

(4) session：指定JSP页面是否参与一个HTTP会话。默认值是true。

(5) buffer：决定输出流是否有缓冲区，默认值为8KB的缓冲区，none表示不使用缓冲。

(6) autoFlush：决定输出流的缓冲区是否要自动清除，缓冲区满了会产生异常。默认值为true。

(7) isThreadSafe：告诉JSP容器此网页是否能同时处理多个请求。默认值为true，如果此值设为false，转义生成的Servlet会实现SingleThreadModel接口。

(8) info：表示此JSP网页的相关信息。编译成Servlet时将会加到其中，可以使用Servlet. getServletInfo()方法取回设置的值。

(9) errorPage：用于表示发生异常错误时调用的JSP页面，通常默认忽略。

(10) isErrorPage：定义了当前的JSP页面是否为另外一个JSP页面错误显示的目标。系统默认值为false。

(11) extends：主要定义此JSP网页产生的Servlet是继承哪个父类。这里必须注意，所继承的父类必须是直接或间接继承javax. servlet. jsp. HttpJspBase。

(12) isELIgnored：在JSP2.0中可以使用表达式语言。如果为true，则服务器解析表达式语言，否则忽略。

(13) pageEncoding：表明JSP页面使用的编码方式，与contentType中的声明相似。默认为ISO8859-1。

2) 包含指令include

include指令通知容器在当前JSP页面中指定位置包含另一个文件的内容。被包含的文件内容可以被JSP引擎解析，这种解析发生在编译期间。include指令格式如下。

```
<%@include file="filename"%>
```

include指令只有这一个属性：file。其中filename为被包含的文件路径，路径名一般是指相对路径，不需要指定端口、协议和域名。

include指令会在JSP编译期间插入被包含文件的内容，通常是代码片断。因此，代码片断的后缀名最好以"f"(表示fragment)结尾，例如"htmlf'，这样避免JSP编辑器对该文件内容进行语法检查。当然，如果不希望忽略对文件的语法检查，则应采用标准的后缀名。

include指令对于文件或代码的包含是一个静态过程。静态包含就是指这个被包含的文件将会被插入到JSP文件中去。这个被包含的文件可以是JSP文件、HTML文件、文本文件、inc文件等。如果include包含的是一个静态文件，那么该文件执行的结果将会插入到JSP文件中放<%@include%>的地方。一旦被包含的文件被执行，那么主JSP文件的过程将会被恢复，而继续执行下一行。

下面看一个应用include指令的示例，ab. jsp文件使用include指令包含a. html和b. jsp。代码如下。

```
//ab.jsp
<%@page contentType="text/html; charset=gb2312"%>
```

```
<%@page import="java.text.SimpleDateFormat"%>
<%@page import="java.util.Calendar"%>
<%@include file="a.html"%>
<h3 align=center>
页面使用 include 指令包含了 a.html 和 b.jsp 两个文件
</h3>
<%@include file="b.jsp"%>

//a.html
<%@page contentType="text/html; charset=gb2312"%>
<html>
<head>
<title>
include 指令实例
</title>
</head>
<body>
<h3 align=center>a.html 部分显示结果</h3>
<hr>
</body>
</html>

//b.jsp
<%@page contentType="text/html; charset=gb2312"%>
<hr>
<%
Calendar date=Calendar.getInstance();
SimpleDateFormat formatter=new SimpleDateFormat("MM-dd-yyyy");
%>
<h3 align=center>b.jsp 部分显示结果</h3>
<p align=center><%=formatter.format(date.getTime())%>
<hr>
</body>
</html>
```

每一个文件中的字符编码定义不能少,否则显示中文时会出现乱码。在浏览器地址栏输入 http//localhost:8080/include/ab.jsp,运行结果如图 4.7 所示。

使用 include 指令可以把一个复杂的 JSP 页面分成若干简单的部分,大大增强了 JSP 页面的管理性。特别是在要用到很多 JSP 页面的项目中,可以将实现统一功能的代码片断放到一个文件里。当要对页面进行更改时,只需更改对应的部分就可以。这样不但减少了代码冗余,而且便于统一修改——这是 JSP 编程时一个常用的技巧。另外,需要说明的是,在包含和被包含的文件中,最好只使用一对<html></html><body></body>标记,以免出错。

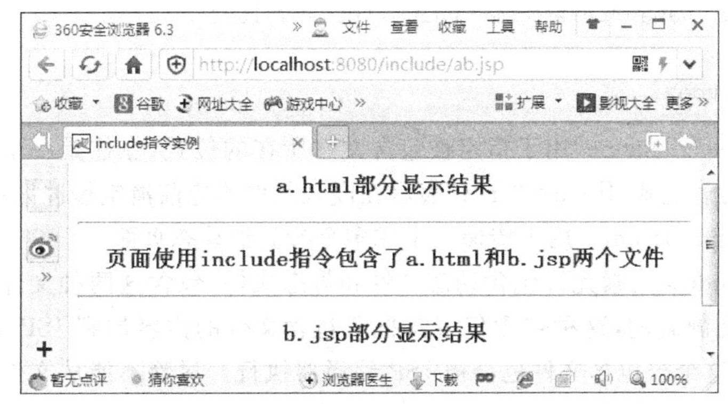

图 4.7 ab.jsp 运行结果

3）使用标签库指令 taglib

taglib 指令允许页面使用者自定义标签。首先用户要开发标签库，为标签库编写 tld 配置文件，然后在 JSP 页面里使用自定义标签。这样，容器使用这个标签库，确定遇到定制标签时应该怎么做。由于使用了标签，增加了代码的复用程度，例如可以把一些需要迭代显示的内容做成一个标签，每次需要迭代显示时就使用这个标签。使用标签还可以使页面易于维护和修改。标签库指令的语法格式如下。

```
<%@taglib uri="tagLibraryURI" prefix="tagPrefix"%>
```

其中，属性 uri 说明了标签库描述文件的存放位置，prefix 用来定义标签库的前缀。

4. JSP 动作元素

JSP 2.0 规范定义了 20 多个标准动作，称之为动作元素或标签。它们都用 jsp 作为前缀，类似于 XML 语法。下面是两种语法格式。

```
<jsp:tag  attribute1=value1  attribute2=value2…/>
```

或者：

```
<jsp:tag  attribute1=value1  attribute2=value2…>
…
</jsp:tag>
```

动作元素是在请求处理阶段起作用的，下面详细介绍常用的 3 种。

1）文件导入标签<jsp:include>

<jsp:include>动作是在请求时间内且在现成的 JSP 页面中包含静态或动态资源。语法格式如下。

```
<jsp:include  page="filename" flush="true"/>
```

或者：

```
<jsp:include  page="filename" flush="true">
```

```
<jsp:param  name="paramName" value="paramValue"/>
…
</jsp:include>
```

其中，page＝“filename”用于指定被包含文件所在的位置，往往是一个相对路径或是代表相对路径的表达式；flush＝“true”表示在嵌入其他响应前清空缓冲区中的数据，默认值为 false。<jsp：param>用于传递一个或多个参数给动态页面。

<jsp：include>元素允许包含动态文件和静态文件，包含这两种文件的结果是不同的。如果文件是静态的，这种包含仅仅是把所包含文件的内容加到 JSP 文件中去；如果文件是动态的，这个被包含文件也会被 JSP 编译器执行。尽管不能从文件名上判断一个文件是动态的还是静态的，但<jsp：include>能够同时处理这两种文件，因此不需要在包含时再判断文件是动态还是静态的。需要说明的是，如果这个包含文件是动态的，就可以用前面提到的<jsp:param>传递参数名和参数值。

<jsp:include>动作与<%@include%>指令不同的是：前者包含的内容可以是动态改变的，它在执行时才确定，而后者包含的内容是固定不变的，它在编译阶段就已经确定而不能动态改变。下面的示例比较了两者的差异，其中包括 3 个文件：a. html、b. jsp 和 c. jsp。代码如下。

```
//a.html
<%@page language="java" contentType="text/html; charset=gb2312"%>
<html>
<head>
<title>jsp:include 示例</title>
</head>
<body>
<h3 align=center>比较 include 和 jsp:include</h3>
<form action="c.jsp" method=post>
用户名:<input type=text name="name"><br>
密码:<input type=password name="pass"><br>
<input type=submit value="登录"><hr>
</body>
</html>

//b.jsp
<%@page language="java" contentType="text/html; charset=gb2312"%>
<html>
<head>
<title>jsp:include 示例</title>
</head>
<body><br>
This name is<%=request.getParameter("examp1")%><br>
This pass is<%=request.getParameter("examp2")%><br>
<%out.println("hello from b.jsp");%>
</body>
```

```
</html>

//c.jsp(其中用到了<jsp:include>和 include 指令)
<%@page language="java" contentType="text/html; charset=gb2312"%>
<html>
<head><title>jsp:include 示例</title></head>
<body>
<%@include file="a.html"%>
This examples show include works
<jsp:include page="b.jsp" flush="true">
<jsp:param name="examp1" value="<%=request.getParameter("name")%>"/>
<jsp:param name="examp2" value="<%=request.getParameter("pass")%>"/>
</jsp:include>
</body>
</html>
```

启动 Tomcat，在浏览器地址栏中输入以下地址：http://localhost:8080/include/c.jsp。在页面中输入名字和密码，如图 4.8 所示，单击"登录"按钮，出现如图 4.9 所示的页面。

图 4.8　c.jsp 运行结果图

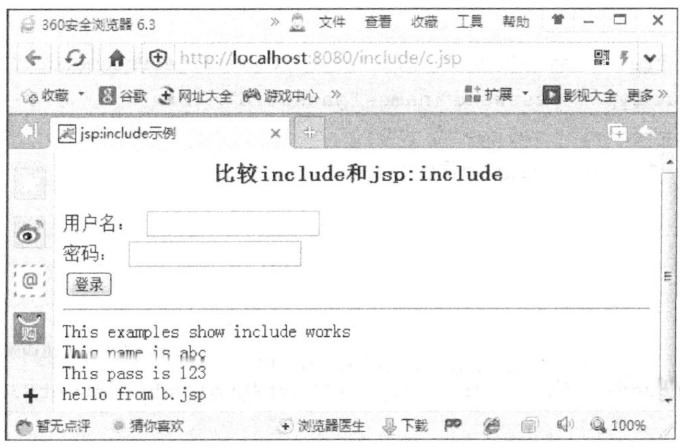

图 4.9　登录运行结果图

从图 4.8 和图 4.9 可以看出，b.jsp 的内容是动态变化的，它由 exampl 和 examp2 两个参数决定，而 a.html 文件中的内容是不变的。

2）页面转发标签<jsp:forward>

<jsp:forward>操作允许将请求转发到另一个 JSP、Servlet 或静态资源文件。请求被转至的资源必须位于同 JSP 发送请求相同的上下文环境之中。每当遇到<jsp:forward>操作时，就停止执行当前的 JSP，转而执行被转发的资源。以下是该动作的语法格式。

```
<jsp:forward  page="uri "/>
```

或者：

```
<jsp:forward  page="url ">
<jsp:param  name="paramName " value="paramValue "/>
…
</jsp:forward>
```

其中，page="uri"指明将要定向的文件或 URL 地址。

<jsp:param name="paramName" value="paramValue"/>中的 name 指定参数名，value 指定参数值。参数可以是一个或多个值，而这个文件却必须是动态文件。

<jsp:forward>的典型应用就是登录，如用户密码的验证页面。验证通过后，就把页面转发到登录成功的页面；验证不通过时，就把页面重新转发回登录页面。下面举一个用户登录的简单例子，该示例包括 a.jsp、b.jsp 和 c.jsp 3 个 JSP 文件。代码如下。

```
//a.jsp
<%@page language="java" contentType="text/html; charset=gb2312"%>
<html>
<head>
<title>jsp:forward示例</title>
</head>
<body>
<form action="b.jsp" method="post">
用户名:
<input type="text" name="name" value="<%=request.getParameter("user")%>"><br>
密  码:<input type="password" name="password"><br>
<input type="submit" value="登录">
<input type="reset" value="重置">
<br>
</body>
</html>

//b.jsp
<%@page language="java" contentType="text/html; charset=gb2312"%>
<html>
<head>
```

```
<title>jsp:forward 示例</title>
</head>
<body>
<%--登录检查--%>
<%
String name=request.getParameter("name");
String password=request.getParameter("password");
//判断用户名和密码是否正确
if(name.equals("abc")&&password.equals("123")){
%>
<!--jsp:forward 指令完成转发动作-->
<jsp:forward page="c.jsp">
<jsp:param  name="user"  value="<%=name%>"/>
</jsp:forward>
<%} else{%>
<jsp:forward  page="a.jsp">
<jsp:param  name="user"  value="<%=name%>"/>
</jsp:forward>
<%}%>
</body>
</html>

//c.jsp
<%@page language="java" contentType="text/html; charset=gb2312"%>
<html>
<head>
<title>jsp:forward 示例</title>
</head>
<body>
用户
<%=request.getParameter("user")%>
的密码正确,登录成功!
</body>
</html>
```

启动 Tomcat 后,在浏览器地址栏中输入 http://localhost:8080/forward/a.jsp,出现登录页面,如图 4.10 所示。在页面输入用户名“abc”,密码为”123”,将跳转到如图 4.11 所示的页面;如果用户名或密码不正确,将会重新返回 a.jsp 页面,只不过此时用户名的文本框中显示的不再是 null,而是上一次登录的用户名。

3) 追加参数标签<jsp:param>

<jsp:param>标签用来提供 key/value 的值,与<jsp:include>、<jsp:forward>等标签一起搭配使用。以下是该标签的语法格式。

```
<jsp:param  name="paramterName" value="parameterValue "/>
```

上面这行代码表示该标签有以下两个属性。

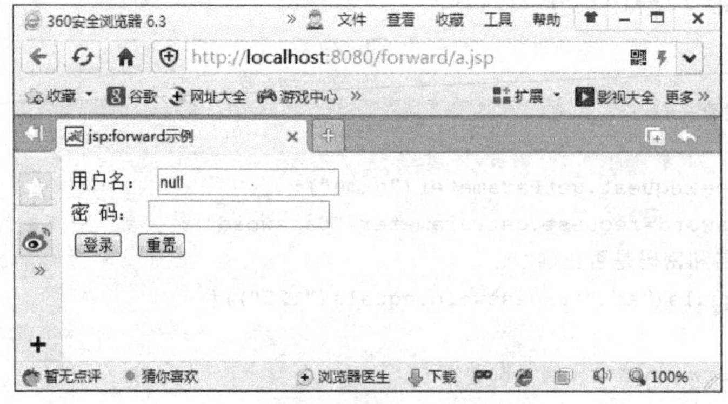

图 4.10 a.jsp 运行结果图

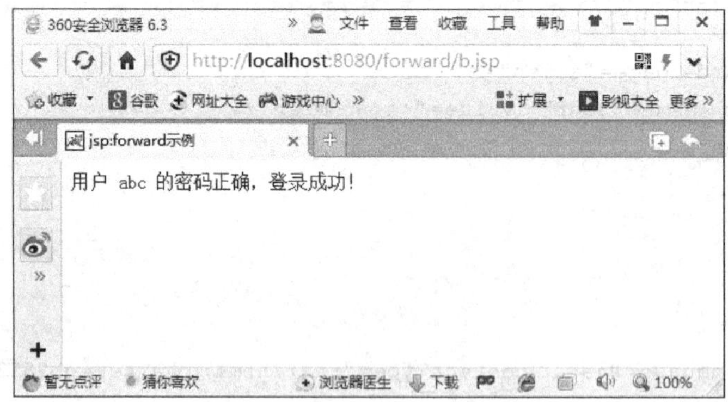

图 4.11 登录成功运行结果图

(1) name="paramterName",该属性表示参数的名字。

(2) value="paramterValue",表示参数的值。

前面的多个示例都用到了<jsp:param>标签,这里不再赘述。

5. JSP 转义规则

由于JSP是以<%和%>作为标签的起始,所以当需要在JSP程序中加上<%或%>符号时,应该进行转义。

如<%out.println("JSP以%>作为结束符号");%>,这段代码执行到%>时,JSP容器将显示程序有错误。为了避免产生这样的结果,在程序中遇到显示%>等字符时,需要进行转义。具体的转义方法如表4.1所示。

表 4.1 JSP 转义规则

符号	转义方法	符号	转义方法
单引号'	\'	起始标签<%	<%
双引号"	\"	结束标签%>	%>
斜线\	\\		

这样，刚才的代码就应改为＜%out. println(“JSP 以%>作为结束符号”)；%＞，这样就能够在网页中正确显示了。

任务 4.3.3　JSP 隐含对象

JSP 隐含对象是指不需要声明而直接可以在 JSP 网页中使用的对象，这些对象由容器实现和管理，大大简化了页面开发过程。所有的内置对象只有对 Scriptlet 或表达式有效，在 JSP 声明中不可用，因为它们无需声明。

JSP 2.0 规范中共定义了以下 9 种隐含对象：request(请求对象)、response(应答对象)、pageContext(页面上下文对象)、session(会话对象)、application(全局应用程序对象)、out(输出对象)、config(配置对象)、page(页面对象)和 exception(页面意外对象)。其中 request、response、session、application 和 out 最常用，这里将重点介绍这 5 个对象的方法及使用。

从本质上讲，JSP 的这些隐含对象都是由特定的 Java 类产生的，服务器运行时根据情况自动生成。表 4.2 给出了隐含对象与 Java 类的对应关系。

表 4.2　JSP 隐含对象映射表

对象名称	Java 类型	作用域
request	javax. servlet. ServletRequest	request
response	javax. servlet. ServletResponse	page
pagecontext	javax. servlet. jsp. PageContext	page
session	javax. servlet. http. HttpSession	session
application	javax. servlet. ServletContext	application
out	javax. servlet. jsp. JspWriter	page
config	javax. servlet. ServletConfig	page
page	java. lang. Object	page
exception	java. lang. Throwable	page

1. 请求对象 request

request 对象表示客户端的请求，封装了用户提交的请求信息，通过调用该对象相应的方法可以获取请求的相关信息。这些请求信息包括请求的来源、标头、Cookies 及请求相关的参数值等。该对象对应于 Servlet 中的 HttpServletRequest 对象。

当客户访问服务器页面时，会提交一个 HTTP 请求。request 对象就是对 HTTP 请求包的封装，因此，使用 request 对象的方法可以获取客户端和服务器端信息，如客户端主机名、IP 地址、传递参数名、参数值、服务器主机名和 IP 地址等。

1) HTTP 请求包

一般说来，一个 HTTP 请求包包括 3 部分：一个请求行、多个请求头和信息体。

(1) 请求行。规定了请求的方法(get、post、head、delete、put 等)、请求的资源和使用的 HTTP 协议版本号。

(2) 请求头。一个 HTTP 请求可以包括多个请求头。请求头主要说明请求客户的主机(IP)、信息体的附加信息。

(3) 信息体。请求正文。如表单数据被封装为信息体。

下面是一个简单的 HTTP 请求包的组成:

```
get/hello.htm  HTTP/1.1                    :请求行
Host: www.sina.com.cn                      :请求头
Name 张三(数据组件接受的信息)              :信息体(表单中的数据信息)
```

2) request 对象的主要方法

request 对象的主要方法如表 4.3 所示。

表 4.3 request 对象主要方法

方法名称	方法描述
setAttribute(String name, Object objt)	设置名字为 name 的 request 参数的值
getAttribute(String name)	返回由 name 指定的属性值,如果不存在则返回空
getMethod()	获得客户向服务器传输数据的方式: get、post 等
getRequestURL()	获得发出请求字符串的客户端地址
getAttributeNames()	返回 request 对象所有属性的名字集合
getHeader(String name)	获得 HTTP 协议定义的文件头信息
getParameter(String name)	获得客户传送给服务器的 name 参数的值
getParameterValues(String name)	获得指定参数 name 的所有值
getProtocol()	获取客户端向服务器传送数据所依据的协议名称
getRemoteAddr()	取得客户端的 IP 地址
getRemoteHost()	获取客户端主机名
getRemoteUser()	取得客户端用户名
getServerName()	获取服务器的名字
getServerPort()	获得服务器的端口号
getContentLength()	获得请求实体数据的大小
getContentType()	获得 MIME 类型
getQueryString()	获得客户以 get 方法向服务器传送的查询字符串
getCookies()	返回客户端的所有 Cookie 对象,一个 Cookie 数组
getSession(Boolean create)	返回和请求相关的 session
getServletPath()	获得客户端所请求脚本文件的相对路径

3) request 对象的几种用法举例

(1) 使用 request 对象处理表单请求。

下面给出一个包括文本框、单选按钮组、列表框等表单控件的实例。该例包括两个文件 index.jsp 和 login.jsp。index.jsp 是一个简单的用户注册页面,输入完注册信息后,单击注册按钮,进入 login.jsp 页面。login.jsp 将利用 request 对象获取用户输入的注册信息,并把信息输出在网页上。代码如下。

```
//index.jsp
<%@page contentType="text/html; charset=gb2312" language="java"%>
```

```
<html>
<head>
<title>注册页面</title>
</head>
<body>
<p align="center"><font size="+6">用户注册</font></p><hr>
<p align="center">请输入下面的注册信息</p>
<form name="form1" method="post" action="login.jsp">
<table width="42%" border="1" align="center">
<tr>
<td><div align="center">用户名称</div></td>
<td><input type="text" name="username">
<font color="#FF0000"> * </font></td></tr>
<tr>
<td><div align="center">用户口令</div></td>
<td><input type="password" name="password">
<font color="#FF0000"> * </font></td></tr>
<tr>
<td><div align="center">确认口令</div></td>
<td><input type="password" name="repassword">
<font color="#FF0000"> * </font></td></tr>
<tr>
<td><div align="center">电子邮件</div></td>
<td><input type="text" name="email">
<font color="#FF0000">(注:必须包含@和.) * </font></td></tr>
<tr>
<td height="24"><div align="center">性别</div></td>
<td>男<input type="radio" name="sex" value="男" checked>
女<input type="radio" name="sex" value="女">
<font color="#FF0000"> * </font></td></tr>
<tr>
<td><div align="center">工作</div></td>
<td><select name="work" size="1">
<option value="guanli">公司管理人员</option>
<option value="大中学校学生">大中学校学生</option>
<option value="公司秘书人员">公司秘书人员</option>
<option value="军人、警察">军人、警察</option>
<option value="大中学校教师">大中学校教师</option>
<option value="计算机技术人员" selected>计算机技术人员</option>
</select><font color="#FF0000"> * </font></td></tr>
</table>
<p align="center">
<input type="submit" name="Submit" value="注册">
<input type="reset" name="Submit2" value="取消"></p>
```

```
</form>
</body>
</html>

//login.jsp
<%@page contentType="text/html; charset=gb2312" language="java"%>
<%request.setCharacterEncoding("GB2312");%>
<%@page pageEncoding="GB2312"%>
<html>
<head>
<title>注册结果页面</title>
</head>
<body>
<div align="center">
<p><font size="+7">用户注册</font></p>
<hr>
<%--字符串定义--%>
<%
String get_username=new String();
String get_password=new String();
String get_repassword=new String();
String get_email=new String();
String get_sex=new String();
String get_work=new String();
%>
<%--使用 getParameter 方法,逐个获取客户端的信息。需要注意的是:引号内的字符大
小写是敏感的--%>
<%
get_username=request.getParameter("username");
get_password=request.getParameter("password");
get_repassword=request.getParameter("repassword");
get_email=request.getParameter("email");
get_sex=request.getParameter("sex");
get_work=request.getParameter("work");
%>
<%--对于两次输入的密码以及电子邮件的信息进行判断,如果一致,就输出显示注册成功的信
息--%>
<%
if(get_password.equals(get_repassword)&get_username!="" & get_password !="" &
get_email.indexOf("@")!=-1 & get_email.indexOf(".")!=-1)
{%>
<p align="center"><font color="FF3300">恭喜,您已经成功注册!</font></p>
<p> </p><table width="36%" border="1" align="center">
```

```
<tr>
<td width="43%"><div align="center">用户名称</div></td>
<td width="57%"><%=get_username%></td>
</tr>
<tr>
<td><div align="center">用户口令</div></td>
<td><%=get_password%></td></tr>
<tr>
<td><div align="center">确认口令</div></td>
<td><%=get_repassword%></td></tr>
<tr>
<td><div align="center">电子邮件</div></td>
<td><%=get_email%></td></tr>
<tr>
<td height="24"><div align="center">性别</div></td>
<%--在这里,根据字段 sex 的信息判断应当输出的中文--%>
<td><%=get_sex%></td></tr>
<tr>
<td><div align="center">工作</div></td>
<td><%response.setContentType("text/html;charset=gb2312");%>
<%=get_work%></td></tr>
</table>
<%}
else{%>
<p align="center"><font color="#ff3300">注册失败!</font></p>
<br>
<p align="center"><font color="#ff3300">请<a href="index.jsp">重新注册!</a>
</font></p>
<%}%>
<p> </p>
</div>
</body>
</html>
```

启动 tomcat 后，在浏览器地址栏中输入 http://localhost:8080/login/index.jsp，在弹出的页面中输入注册信息，如图 4.12 所示。如果每一项注册信息都不为空，两次输入的用户口令一致，并且电子邮件中包括@和.字符，则单击注册按钮后会出现如图 4.13 所示页面，否则会出现如图 4.14 所示的页面。

(2) 使用 request 对象处理数据编码。

当 request 对象获取客户提交的汉字字符时，可能会出现乱码，必须利用 getBytes 方法进行特殊处理。首先将获取的字符串用 ISO-8859-1 方式进行编码，并将编码存放到一个字节数组中，然后再将这个数组转化为字符串对象即可。处理方法如下所示。

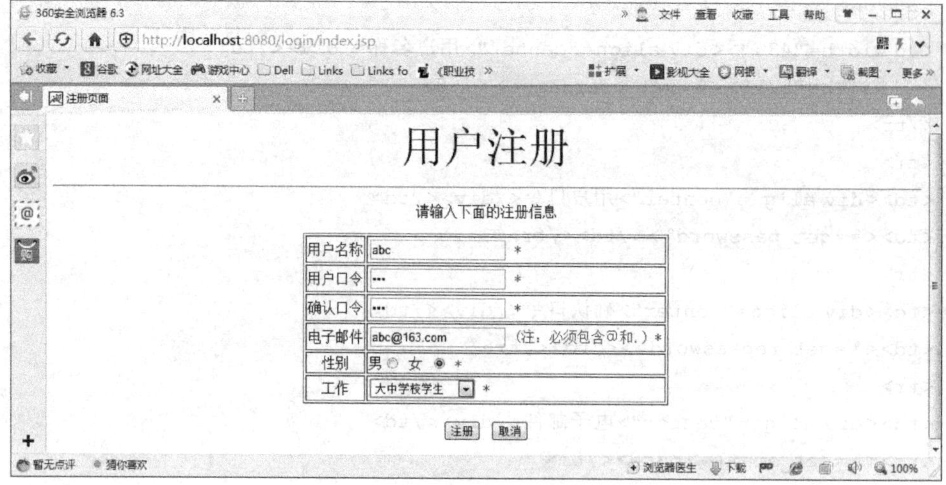

图 4.12　index.jsp 运行页面

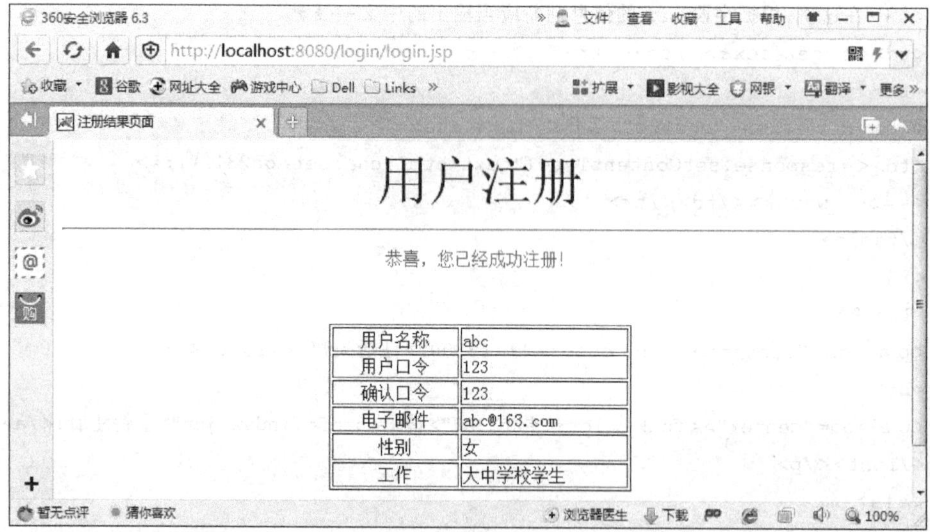

图 4.13　注册成功页面

图 4.14　注册失败页面

```
String str="hello";
byte[]  b=str.getBytes("ISO-8859-1");
Str=new String(b);
```

下面给出一个示例,包含两个文件 a.jsp 和 b.jsp。a.jsp 提供一个文本输入框和提交按钮,在框中输入中文文字,然后单击“提交”按钮,发送请求。b.jsp 将会接受请求,处理中文字符后输出到页面。代码如下。

```
//a.jsp
<%@page contentType="text/html;charset=gb2312"%>
<html>
<head>
<title>request对象获取数据编码</title>
</head>
<body><font size=3>
<form action="b.jsp" method=post name=form>
<input type="text" name="name">
<input type="submit" value="提交" name="submit">
</form>
</font>
</body>
</html>

//b.jsp
<%@page contentType="text/html;charset=gb2312"%>
<html>
<head>
<title>request对象获取数据编码</title>
</head>
<body>
<p>获取文本框提交的信息:
<%
String textcontent=request.getParameter("name");
byte[] b=textcontent.getBytes("ISO-8859-1");
textcontent=new String(b);
%>
<%=textcontent%>
</p>
<p>获取按钮的名字:
<%
String buttonName=request.getParameter("submit");
byte[] c=buttonName.getBytes("ISO-8859-1");
buttonName=new String(c);
%>
<%=buttonName%>
```

```
</p>
</body>
</html>
```

启动服务器，首先运行 a.jsp 页面，如图 4.15 所示，在文本框中输入汉字后单击“提交”按钮，进入 b.jsp 的运行页面，如图 4.16 所示。

图 4.15　a.jsp 运行结果图

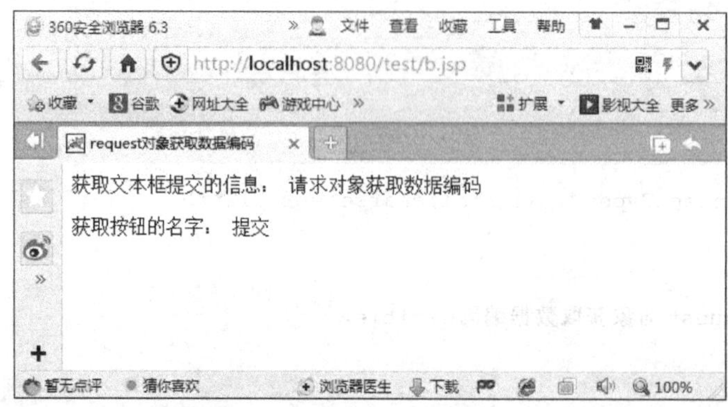

图 4.16　b.jsp 运行结果图

另外一种处理数据编码方式如下。

```
<%request.setCharacterEncoding("gbk");%>
```

下面的示例由 index.jsp 和 denglu.jsp 两个程序构成。index.jsp 是一个用户登录页面，用户在此页面中输入用户名和密码，单击“登录”按钮，如果用户输入的用户名为李明、密码为 123，则页面显示“用户名密码正确”，否则输出“用户名密码不正确，请重新登录”。代码如下。

```
//index.jsp
<%@page contentType="text/html;charset=gb2312"%>
<html>
<head>
<title>request 解决中文乱码方法二</title>
```

```
</head>
<body>
<form id="form1" method="post" action="denglu.jsp">
用户名:
<input type="text" name="username">
<br>
密　码:
<input type="password" name="password">
<br>
<input type="submit" name="Submit" value="登录">
<input type="reset" name="Reset" value="清空">
</form>
</body>
</html>

//denglu.jsp
<%@page contentType="text/html; charset=gb2312"%>
<%
request.setCharacterEncoding("gb2312");
%>
<html>
<head>
<title>request 解决乱码方法二</title>
</head>
<body>
<%
String name=request.getParameter("username");
String pwd=request.getParameter("password");
%>
<%
if(name.equals("李明")&pwd.equals("123")){
out.print("用户名密码正确!");
}
else{
out.print("用户名密码不正确,请重新登录");
}
%>
</body>
</html>
```

启动服务器,访问 index.jsp 页面,运行结果如图 4.17 所示,输入用户名和密码,例如用户名“李明”和密码“123”,单击“登录”按钮,结果显示如图 4.18 所示。如果输入其他用户名和密码,则结果显示“用户名密码不正确,请重新登录”。

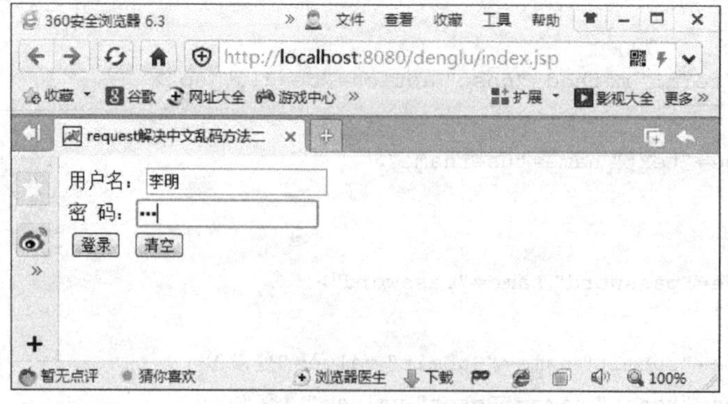

图 4.17 index.jsp 运行结果图

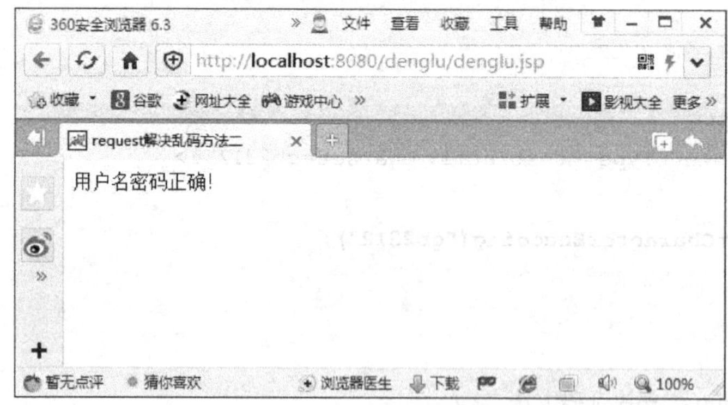

图 4.18 登录成功页面

(3) 使用 request 对象获取地址栏中的参数。

本例包括两个文件 cs1.jsp 和 cs2.jsp，在 cs1.jsp 页面中有一个链接，此链接跳转到 cs2.jsp 中，并传递两个参数 a 和 b。cs2.jsp 获取这两个参数，并在网页中输出这两个参数的值。代码如下。

```
//cs1.jsp
<%@page contentType="text/html; charset=gb2312" language="java" %>
<html>
<head><title>request 获取地址栏中的参数</title></head>
<body>
<a href="cs2.jsp?a=8&amp;b=5">在链接地址中传递参数 a 和 b</a>
</body></html>
//cs2.jsp
<%@page contentType="text/html; charset=gb2312" language="java" %>
<html>
<head><title>request 获取地址栏中的参数</title></head>
<body>
<%String a=request.getParameter("a");
String b=request.getParameter("b");%>
```

```
<%="a="+a%><%="b="+b%>
</body></html>
```

启动服务器，访问 cs1.jsp 页面，运行结果如图 4.19 所示。在此页面中单击链接，进入 cs2.jsp 页面，显示结果如图 4.20 所示。

图 4.19 cs1.jsp 运行结果图

图 4.20 cs2.jsp 运行结果图

2. 应答对象 response

response 对象对客户的请求做出动态响应，向客户端发送数据。response 对象的主要方法如表 4.3 所示，表中的 sendRedirect、encodeURL 方法较为常用。sendRedirect 用来重定向用户的访问信息，encodeURL 用来支持 URL 重写，实现会话管理。

客户访问服务器使用的是 HTTP 请求包，系统将 HTTP 请求包封装为 request 对象。服务器响应客户时，即向客户发送信息时，使用的是 HTTP 响应包，系统将 HTTP 响应包封装为 response 对象。在 JSP 页面中，可以使用 response 对象的方法动态控制响应方式，向客户端发送数据。HTTP 响应包与 HTTP 请求包结构类似。

1) HTTP 响应包

一般说来，一个 HTTP 响应包由 3 部分组成：一个状态行、多个响应头和信息体。

(1) 状态行。描述服务器处理 HTIP 请求的成功与否。比如是否收到请求包、请求被拒绝、请求超时、服务器发生错误等。

(2) 响应头。HTTP 响应包发送的目标地址(IP)。

(3) 信息体。发送到服务器端的正文,如在客户端显示的信息。

2) response 对象的主要方法

response 对象的主要方法如表 4.4 所示。

表 4.4 response 对象的主要方法

方法名称	方法描述
addHeader(String name,String value)	添加 HTTP 文件头信息,该 Header 将被传到客户端
addCookie(Cookie cook)	添加一个 Cookie 对象,用来保存客户端用户信息
containsHeader(String name)	判断名为 name 的 header 文件头是否存在,返回值为 boolean 类型
sendError(int)	向客户端发送错误信息
encodeURL()	使用 sessionid 来封装 URL,返回客户端
flushBuffer()	强制把当前缓冲区的内容发送到客户端
getBufferSize()	返回缓冲区的大小
getOutputStream()	返回到客户端的输出流对象
sendRedirect(String location)	把响应发送到另一个位置进行处理
setContentType(String type)	设置响应的 MIME 类型
setHeader(String name,String value)	设置指定名字的 HTTP 文件头的值,如果该值已存在,则新值会覆盖原有的值

3) response 对象的几种用法举例

(1) 使用 response 对象动态响应 contentType。

当一个用户访问一个 JSP 页面时,如果该页面用 page 指令设置页面的 contentType 属性是 text/html,那么 JSP 引擎将按照这种属性值反应。如果要动态改变这个属性值来响应客户,就要使用 response 对象的 setContentType(String s)方法来改变 contentType 的属性值。使用格式如下。

```
response.setContentType(String s);
```

其中参数 s 可取 text/html、text/plain、application/x-msexcel、application/msword 等,分别代表 HTML、TXT、MSEXCEL、MSWORD。下面给出了 response 对象动态响应 contentType 的示例。代码如下。

```
//contenttype.jsp
<%@page contentType="text/html;charset=gb2312"%>
<html>
<head><title>response 对象动态响应 contentType</title></head>
<body>
<font size=3>
```

```
<p>我正在学习 response 对象 setcontentType 方法
<p>将当前的页面保存为 word 文档吗?
<form action="" method="get" name="form">
<input type="submit" value="yes" name="submit">
</form>
<%String str=request.getParameter("submit");
if( str==null){
str="";}
if (str.equals("yes")){
response.setContentType("application/msword;charset=gb2312");
}%>
</font></body>
</html>
```

启动 Tomcat,contenttype.jsp 程序执行结果如图 4.21 所示。单击 yes 按钮,网页文件将会被另存为一份 word 格式的文档。用 word 打开该文件,如图 4.22 所示。

图 4.21　contenttype.jsp 运行结果图

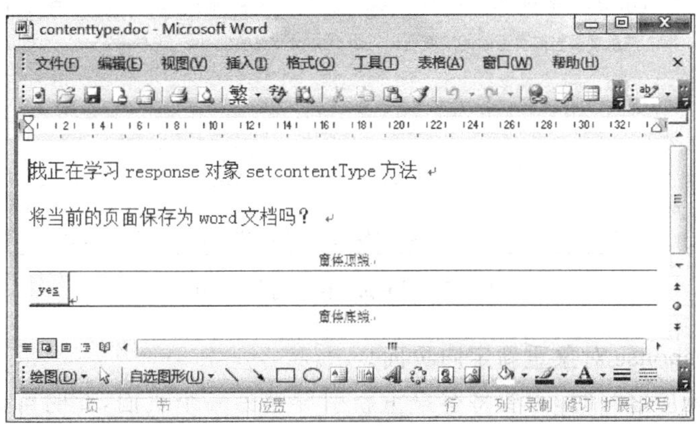

图 4.22　contenttype.jsp 用 word 打开效果图

(2) 使用 response 对象操作 HTTP 文件头。

response 对象还可以通过方法 setHeader(String name,String value)设置指定名字

的 HTTP 文件头的值，以此达到操作 HTTP 文件头的目的。response 对象设置的值将会覆盖 HTTP 文件头中旧有的值。下面给出的例子 http.jsp 操作 HTTP 文件头完成了两件事：一是防止了 JSP 产生的输出保存在浏览器缓存中；二是每一秒钟要求浏览器刷新一次页面。http.jsp 源代码如下：

```
//http.jsp
<%@page language="java" contentType="text/html;charset=gb2312"%>
<%@page import="java.util.*"%>
<HTML>
<HEAD>
<TITLE>response 操作 HTTP 文件头的实例</TITLE>
</HEAD>
<body>
注意观察当前页面时间的变化：
<%
//防止 JSP 或 Servlet 中的输出不被浏览器保存在 cache 中
response.setHeader("Cache-Control","no-store");
//每一秒钟刷新一次页面
response.setHeader("refresh","1");
out.println(new Date().toLocaleString());
%>
</body>
</html>
```

http.jsp 运行结果如图 4.23 所示，注意观察页面时间的变化。

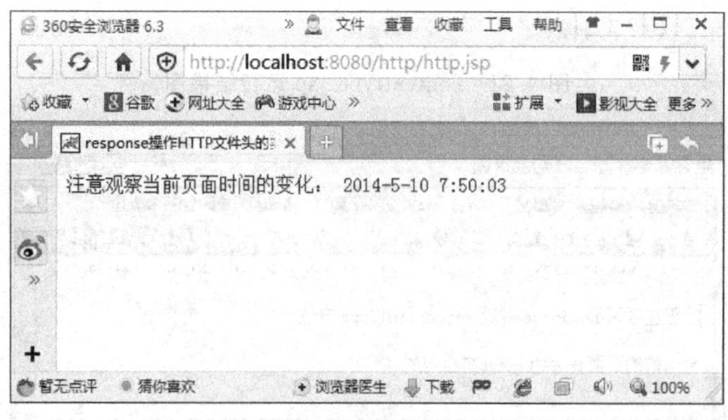

图 4.23　http.jsp 运行结果图

(3) 使用 response 对象重新定向页面。

很多时候，响应客户时，需要将客户重新引导至另一个页面，此时可以使用 response 的 sendRedirect 方法实现客户的重定向，这是 response 对象的一个重要用途。

下面给出一个示例，使用 response 对象的 sendRedirect 方法。该示例包含两个文件 index.jsp 和 sendredirect.jsp。代码如下。

```
//index.jsp
<%@page language="java" contentType="text/html; charset=gb2312"%>
<html>
<head>
<title>response 对象重定向页面</title>
</head>
<body>
<b>请选择网址:</b></br>
<form action=sendredirect.jsp method="get">
<select name="where">
<option value="chinawebber" selected>chinawebber 主页
<option value="sun">sun 主页
<option value="baidu">baidu 主页
</select>
<input type="submit" value="go">
</form>
</body>
</html>

//sendredirect.jsp
<%@page language="java" contentType="text/html; charset=gb2312"%>
<html>
<head>
<title>response 对象重定向页面</title>
</head>
<body>
<%
String address=request.getParameter("where");
if(address!=null){
if(address.equals("chinawebber"))
response.sendRedirect("http://www.chinawebber.com");
else if(address.equals("baidu"))
response.sendRedirect("http://www.baidu.com");
else if(address.equals("sun"))
response.sendRedirect("http://www.sun.com");
}
%>
</body>
</html>
```

图 4.24 为 index.jsp 的运行结果图，在下拉框中选定一个选项后，单击 go 按钮，程序转到 sendredirect.jsp 执行。sendredirect.jsp 文件将处理页面的请求，并重定向到指定的网站。

总结一下，JSP 中共有两种实现页面跳转的方法。一个是动作元素<jsp:forward>，

图 4.24　index.jsp 运行结果图

称为转发;另一个就是上面所说的 response 对象的 sendRedirect 方法,称为重定向。这两种方法都能实现页面跳转,但它们却有实质上的区别。下面进行总结。

(1) forward 重定向是在容器内部实现的同一个 Web 应用程序的重定向,所以 forward 方法只能重定向到同一个 Web 应用程序中的一个资源,重定向后浏览器地址栏 URL 不变,而 sendRedirect 方法可以重定向到任何 URL,因为这种方法是修改 http 头来实现的,URL 没什么限制,重定向后浏览器地址栏 URL 改变。

(2) forward 重定向将原始的 HTTP 请求对象(request)从一个 servlet 实例传递到另一个实例,而采用 sendRedirect 方式则不能传递原始的 request。

(3) 基于第二点,参数的传递方式不一样。forward 的 form 参数跟着传递,所以在第二个实例中可以取得 HTTP 请求的参数。sendRedirect 只能通过链接传递参数,如 response.sendRedirect("login.jsp? param1=a")。

下面这个示例说明了转发和重定向在传递参数时的区别。该示例由 3 个 JSP 文件组成,即 a.jsp、b.jsp 和 c.jsp。a.jsp 页面中有个输入文本框和一个提交按钮。b.jsp 获取 a.jsp 中文本框的内容并输出,然后转发到 c.jsp。c.jsp 页面获取 a.jsp 中文本框的内容并输出。代码如下。

```
//a.jsp
<%@page contentType="text/html; charset=gb2312" %>
<html>
<head>
<title>jsp:forward 与 sendRedirect 传递参数的区别</title>
</head>
<body>
<form id="form1" name="form1" method="post" action="b.jsp">
<p>第一个文本框:
<input name="param1" type="text" id="param1" /></p>
<p>第二个文本框:
<input name="param2" type="text" id="param2" />
<input type="submit" name="Submit" value="提交" /></p>
```

```
</form>
</body>
</html>

//b.jsp
<%@page contentType="text/html; charset=gb2312" %>
<html>
<head>
<title>jsp:forward 与 sendRedirect 传递参数的区别</title>
</head>
<body>
<p>此页面是 b.jsp</p>
<p>
<%String str1=request.getParameter("param1");
String str2=request.getParameter("param2");%>
第一个文本框:<%=str1%><br>
第二个文本框:<%=str2%>
<%response.sendRedirect("c.jsp");%></p>
</body>
</html>

//c.jsp
<%@page contentType="text/html; charset=gb2312"%>
<html>
<head>
<title>jsp:forward 与 sendRedirect 传递参数的区别</title>
</head>
<body>
<p>此页面是 c.jsp</p>
<p>
<%
String str1=request.getParameter("param1");
String str2=request.getParameter("param2");
%>
第一个文本框:<%=str1%><br>
第二个文本框:<%=str2%></p>
</body>
</html>
```

运行 a.jsp 程序，结果如图 4.25 所示。在文本框中输入内容，然后单击【提交】按钮，出现如图 4.26 所示的运行结果。此时，在 c.jsp 中获得的参数值为空，并且地址栏中的地址已变为 c.jsp。

接下来把 b.jsp 程序中加粗的代码换成<jsp:forward page="c.jsp"/>，再运行程序，结果如图 4.27 所示。此时在 c.jsp 中获得的参数值为 a.jsp 中输入文本框的值，且地址栏中的地址仍为 b.jsp。

图 4.25 a.jsp 运行结果图

图 4.26 sendRedirect 运行结果图

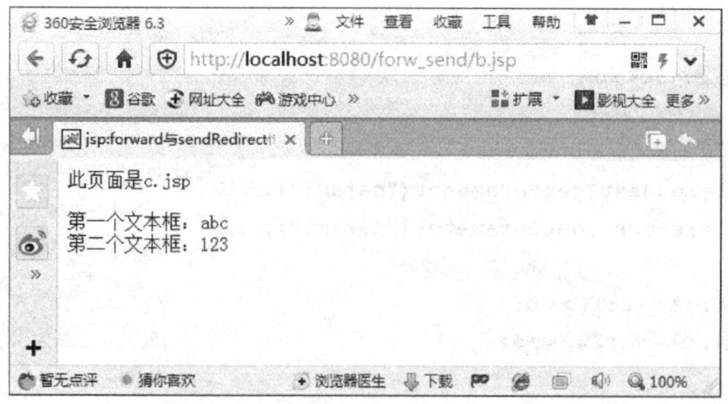

图 4.27 forward 运行结果图

用重定向和转发不是一个习惯问题，而是什么情况下必须用什么的问题。不要仅仅为了把变量传到下一个页面而使用 session 作用域，那会无故增大变量的作用域，转发也许可以解决这个问题。

重定向：以前的 request 中存放的变量全部失效，并进入一个新的 request 作用域。

转发：以前的 request 中存放的变量不会失效，就像把两个页面拼到一起。

相对来说，<jsp:forward>方法更加高效，当它可以满足需要时，尽量使用此方法，并且这样也有助于隐藏实际的链接。

3. 输出对象 out

out 对象表示为客户打开的输出流，printWriter 使用它向客户端发送输出流。简单地说，out 对象主要用来向客户端输出数据，主要方法如表 4.5 所示，其中 print()、println()、newLine()方法用得较多。

表 4.5 out 对象主要方法

方法名称	方法描述
print()、println()	输出某一类型的数据
newLine()	输出一个换行字符
flush()	输出缓冲区里的数据
clear()	清除输出缓冲区的内容，不把数据输出到客户端
clearBuffer()	清除输出缓冲区的内容，同时把数据输出到客户端
getBufferSize	获得目前缓冲区的大小
getRemaining()	获得目前使用后还剩余的缓冲区大小
isAutoFlush()	返回 boolean 值。如果为 true 且缓冲区已满，则会自动清除：如果为 false 且缓冲区已满，则不会自动清除，而会进行意外处理

因为 out 对象的方法使用比较简单，而且几乎每个程序中都会用到，所以这里不单独举例。

4. 会话对象 session

session 对象是由服务器自动创建的，用于保存每个用户信息，以便跟踪每个用户的操作状态。它在第一个 JSP 页面被装载时自动创建，完成整个会话期的管理。

从一个客户打开浏览器并连接到服务器开始，到客户关闭浏览器离开这个服务器结束，被称为一个会话。当一个客户访问一个服务器时，可能会在这个服务器的几个页面之间反复连接，反复刷新一个页面，服务器应当通过某种办法知道这是同一个客户，session 对象应运而生。

当首次访问服务器上的一个 JSP 页面时，JSP 引擎产生一个 session 对象，同时分配一个 String 类型的 ID 号。JSP 引擎将这个 ID 号发送到客户端，存放在 Cookie 中，这样 session 对象和客户之间就建立了一一对应的关系。当再访问该服务器的其他页面时，不再分配给客户新的 session 对象，直到客户关闭浏览器后，服务器端该客户的 session 对象才取消，并且和客户的会话对应关系消失。当客户重新打开浏览器，再连接到该服务器时，服务器为该客户再创建一个新的 session 对象。

session 对象的常用方法如表 4.6 所示，其中最常用的方法是 getId()、isNew()、getAttribute()和 setAttribute0 方法。

表 4.6 session 对象常用方法

方法名称	方法描述
getAttribute(String name)	获得指定名字 name 相联系的属性值
setAttribute(String name, Object value)	设置指定名字 name 的属性值 value,存储在 session 对象中
removeAttribute(String name)	删除与指定 name 相联系的属性
getAttributeNames()	返回 session 对象中存储的每一个属性对象,其结果为一个枚举类的实例
getCreationTime()	返回 session 被创建的时间,1970.1.1 至今的毫秒数
getId()	返回 session 的标识
getLastAccessedTime()	返回当前 session 对象相关的客户端最后发送请求的时间,最小单位为千分之一秒
invalidate()	销毁 session 对象,使得和它绑定的对象都失效
isNew()	检查客户端是否参加了会话,判断是否是一个新的客户
getValue(String name)	返回 session 中名为 name 的对象的值,name 不存在则返回 null

5. 全局应用程序对象 application

application 对象保存了一个应用系统中公有的数据。服务器启动后,就产生了这个 application 对象,当客户在所访问网站的各个页面之间浏览时,这个 application 对象都是同一个,直到服务器关闭。但是与 session 不同的是,所有客户的 application 对象都是同一个,即所有客户共享这个内置的 application 对象。application 对象的主要方法如表 4.7 所示,其中 getAttribute ()和 setAttribute()较常用。

表 4.7 application 对象主要方法

方法名称	方法描述
getAttribute(String name)	获取 application 对象中名为 name 的对象
getAttributeNames()	返回 application 对象所有属性的名字,返回类型 Enumeration
getInitParameter(String name)	返回 name 指定名字的 application 对象的某个属性的初始值
getServletInfo()	返回 servlet 编译器当前版本的信息
setAttribute(String name,Object obj)	设置由 name 指定名字的 application 对象的属性的值 obj
getRealPath(String path)	获取对应虚拟路径的实际路径

6. 页面上下文对象 pageContext

pageContext 对象是用户可以访问页面作用域中定义的所有隐含对象。pageContext 对象提供方法,以访问对象在页面上定义的所有属性。它的作用范围仅仅在页面内。pageContext 的常用方法如表 4.8 所示。

表 4.8　pageContext 对象主要方法

方法名称	方法描述
getAttribute(String name)	获取 pageContext 对象中名为 name 的对象
setAttribute(String name,Object obj)	设置由 name 指定名字的 pageContext 对象的属性的值 obj
findAttribute(String name)	在所有有效范围内查找一个对象
getSession( )	获得隐含对象 session 的引用
getServletContext( )	获得隐含对象 application 的引用
getServletConfig( )	获得隐含对象 config 的引用
getOut( )	获得隐含对象 out 的引用
forward(String url)	实现页面的跳转
include(String url)	实现页面的引用

在表 4.8 的方法中，调用 fingAttribute()方法的范围查找顺序为：page 范围→request 范围→session 范围→application 范围，找到对象就立即结束。也就是说，如果某一对象在 page 和 request 中都有存储，且关键字相同，那么通过此方法获取的对象就是 page 里的，而不是 request。因为其首先在 page 对象中获取了需要的对象，不再向下继续查找。如果在所有的范围内都没有找到，则该方法返回 null。

7. 页面对象 page

page 对象提供对网页上定义的所有对象的访问，表示页面本身。page 对象一般很少在 JSP 中使用，使用前面的 page 指令即可。

8. 配置对象 config

config 对象存储 Servlet 的一些初始信息，和 page 对象一样，都很少被用到。config 对象的主要方法如表 4.9 所示。

表 4.9　config 对象主要方法

方法名称	方法描述
getInitParameter(String name)	通过名称获得初始参数的值
getInitParameterNames()	获得初始参数名称的集合
getServletContext()	获得 ServletContext 对象
getServletName()	获得 Servlet 的名称

9. 页面意外对象 exception

当 JSP 网页有错误时，会产生异常，而 exception 对象就是针对这个异常做处理。exception 对象并不是在每一个 JSP 网页中都能使用，如果要使用，必须在 page 指令中设定，如下所示。

```
<%@page contentType="text/html;charset=GBK" isErrorPage="true"%>
```

通常，JSP 执行时，会发生下面两类错误。

(1) JSP 网页转义成 Servlet 类是发生的错误。称为转义时处理错误。

(2) 转义成的 Servlet 类处理用户请求阶段的错误。称为用户请求处理时的错误。

第一类错误通常是语法错误,或是 JSP 容器在安装、设定时有不适当的情形发生。解决的方法就是再一次检查程序是否有些错的或检查服务器的配置是否有问题;第二类错误往往不是语法错误,可能是逻辑上的错误。这就需要编写错误处理页面,通过使用 exception 对象进行检查和处理。

任务 4.3.4　JSP 范围

JSP 的属性有 4 种作用范围,分别为 page、request、session、application。

1. JSP 范围——page

所谓的 page,指的是属性只作用在当前的 JSP 页面范围中。如果要将数据存入 page 范围内,可以使用 pageContext 对象的 setAttribute()方法;如果要取得 page 范围内的数据,可以使用 pageContext 对象的 getAttribute()方法。

2. JSP 范围——request

request 作用范围属性的生存期就是一次用户请求的生存期,即从用户的一次请求到向用户返回响应之间的服务器处理期间。

设定 request 的范围时,可以利用 request 对象中的 setAttribute()和 getAttribute()方法。

3. JSP 范围——session

session 属性的作用范围为一段用户持续和服务器所连接的时间,但与服务器断线后,这个属性就无效。例如,购物车最常使用 session 的概念,当把商品放入购物车时,它再去添加另外的商品到购物车时,原先选购的商品仍然在购物车内,而且不用反复做身份验证。但如果用户关闭浏览器,则会终止会话。在 Web 应用开发中,session 属性使用非常频繁。

4. JSP 范围——application

application 对象的作用范围比 session 更大。在服务器已开始执行服务,到服务器关闭为止。application 的范围最大、停留时间也最久,所以使用时要特别注意,不然可能会造成服务器负载越来越重。只要把数据存入 application 对象,数据的作用范围就是 application。

任务 4.3.5　留言板

以下是一个留言板的示例,由 index.jsp、message.jsp、show.jsp、delete.jsp 4 个文件

组成，index.jsp 页面可以输入留言；message.jsp 提示用户留言成功或失败；show.jsp 可以查看所有人的留言内容；delete.jsp 用于删除留言信息。代码如下。

```
//index.jsp
<%@page language="java" contentType="text/html;charset=gb2312"%>
<%request.setCharacterEncoding("GB2312");%>
<%@page pageEncoding="GB2312"%>
<%String getnumber=new String();
getnumber=(String)application.getAttribute("number");
if(getnumber==null){
application.setAttribute("number","0");
}%>
<html>
<head>
<title>一个简单的留言板</title>
</head>
<body bgcolor=" ff00ff">
<div align="center">
<p><font size="+6">留言板</font></p>
<hr>
<form name="form1" method="post" action="message.jsp">
<table width="95%" border="1" align="center">
<tr><td width="20%">留言者:</td>
<td width="80%"><input type="text" name="inputauthor"></td></tr>
<tr><td>留言标题:</td>
<td><input type="text" name="inputtitle"></td></tr>
<tr><td>留言内容:</td>
<td><textarea name="inputcontent" cols="50" rows="6"></textarea></td></tr>
</table>
<p>
<input type="submit" name="b1" value="添加留言">
<input type="reset" name="b2" value="重写留言">
<input type="button" name="b3" value="查看留言"
onClick="window.open('show.jsp')">
</p>
</form>
</div>
</body>
</html>

//message.jsp
<%@page contentType="text/html; charset=gb2312" language="java" %>
<%request.setCharacterEncoding("GB2312");%>
```

```
<%@page pageEncoding="GB2312"%>
<html>
<head>
<title>一个简单的留言板</title>
</head>
<body>
<div align="center">
<p><font size="+6">留言板</font></p>
<hr>
<p><font size="+6"></font></p>
<%--通过 Request 对象的方法获得用户的留言信息--%>
<%int n;
String getnumber=new String();
String getauthor=new String();
String gettitle=new String();
String getcontent=new String();
getauthor=request.getParameter("inputauthor");
gettitle=request.getParameter("inputtitle");
getcontent=request.getParameter("inputcontent");%>
<%--判断用户的留言信息是否有缺项--%>
<%n=getauthor.length()*gettitle.length()*getcontent.length();
if(n!=0){
getnumber=(String)application.getAttribute("number");
n=Integer.parseInt(getnumber);
n=n+1;
getnumber=getnumber.valueOf(n);
application.setAttribute("number",getnumber);
application.setAttribute("author"+getnumber,getauthor);
application.setAttribute("title"+getnumber,gettitle);
application.setAttribute("content"+getnumber,getcontent);
%>
<font color=" 00ff00" size="6"><strong>留言成功!</strong></font></div>
<%}
else{%>
<p align="center"></p>
<p align="center"><font face="宋体" size="6" color="ff0000"><b>留言失败!
</b></font></p>
<%}%>
<p> </p><center>
<input type="button" name="b3" value="查看留言"
onClick="window.open('show.jsp')">
</center>
</body>
```

```
</html>

//show.jsp
<%@page contentType="text/html; charset=gb2312" language="java" %>
<%request.setCharacterEncoding("GB2312");%>
<%@page pageEncoding="GB2312"%>
<html>
<head>
<title>一个简单的留言板</title>
</head>
<body>
<div align="center">
<hr>
<%--检查 number 变量的大小--%>
<%int n;
String getnumber=new String();
String getauthor=new String();
String gettitle=new String();
String getcontent=new String();
getnumber=(String)application.getAttribute("number");%>
<p><font size="+6">留言板</font></p>
<p align="right"><b><font size="2">目前共有<%=getnumber%>条留言
</font></b>
</p><hr>
<%n=Integer.parseInt(getnumber);
if(n==0){%>
<font color="0000ff"><b>留言板上没有任何留言!</b></font>
<%}
else{%>
<table width="75%" border="1">
<%for(int i=1;i<=n;i++){
getnumber=getnumber.valueOf(i);
getauthor=(String)application.getAttribute("author"+getnumber);
gettitle=(String)application.getAttribute("title"+getnumber);
getcontent=(String)application.getAttribute("content"+getnumber);%>
<tr>
<td width="26%"  bgcolor=" ff00ff"><b><font color=" 00ffff">留言者:</font>
<font color="ffffff"><%=getauthor%></font></b></td>
<td width="60%"  bgcolor=" ff00ff"><b><font color=" 00ffff">留言标题:</font>
<font color="ffffff"><%=gettitle%></font></b></td>
<td width="14%" bgcolor="ff00ff"><a href="delete.jsp?num=<%=getnumber%>">
<b><font color="00ffff">删除</font></b></a></td>
</tr>
```

```
<tr>
<td width="100%" colspan="3"><%=getcontent%></td>
</tr>
<%}}%>
<a href="index.jsp">返回</a>
</body>
</html>

//delete.jsp
<%@page contentType="text/html; charset=gb2312" language="java" %>
<%request.setCharacterEncoding("GB2312");%>
<%@page pageEncoding="GB2312"%>
<html>
<head>
<title>一个简单的留言板</title>
</head>
<body>
<%
int n,m;
String getnumber=new String();
String getauthor=new String();
String gettitle=new String();
String getcontent=new String();
getnumber=(String)application.getAttribute("number");
n=Integer.parseInt(getnumber);
//删除后留言信息则减少一条
n=n-1;
getnumber=getnumber.valueOf(n);
application.setAttribute("number",getnumber);
//获得将要删除哪条留言
m=Integer.parseInt(request.getParameter("num"));
//通过循环把留言信息的顺序重新调整,覆盖掉将要删除的留言
for(int i=m;i<=n;i++)
{
getnumber=getnumber.valueOf(i);
getauthor=(String)application.getAttribute("author"+getnumber.valueOf(i+1));
gettitle=(String)application.getAttribute("title"+getnumber.valueOf(i+1));
getcontent=(String)application.getAttribute("content"+getnumber.valueOf(i+1));
application.setAttribute("author"+getnumber,getauthor);
application.setAttribute("title"+getnumber,gettitle);
application.setAttribute("content"+getnumber,getcontent);
}
%>
```

```
<jsp:forward page="show.jsp"/>
</body>
</html>
```

运行 index.jsp,出现如图 4.28 的运行页面,在此页面中输入用户名、留言标题和留言内容。单击【添加留言】按钮,进入如图 4.29 所示的 message.jsp 程序页面。在此页面中单击【查看留言】按钮,进入如图 4.30 所示的 show.jsp 程序页面,页面中显示所有用户的留言。如果删除某条留言,运行页面如图 4.31 所示。

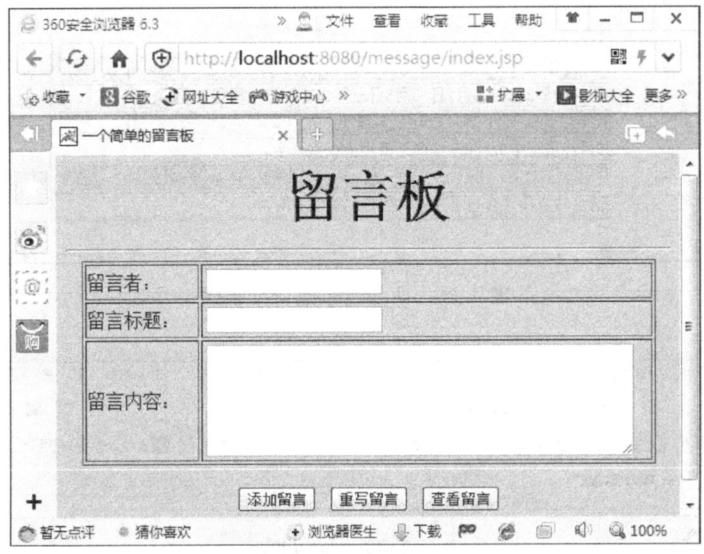

图 4.28　index.jsp 运行结果图

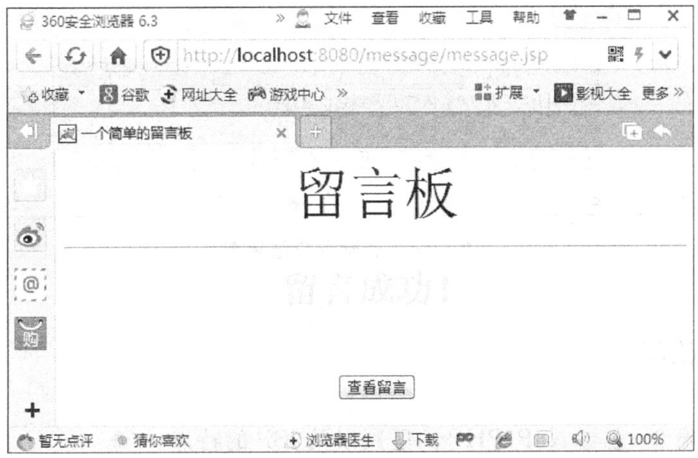

图 4.29　message.jsp 运行结果图

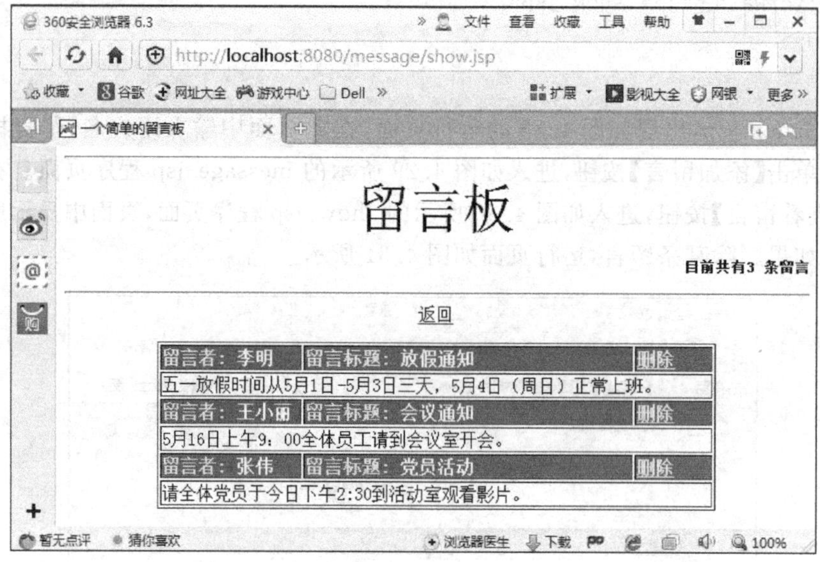

图 4.30　show.jsp 运行结果图

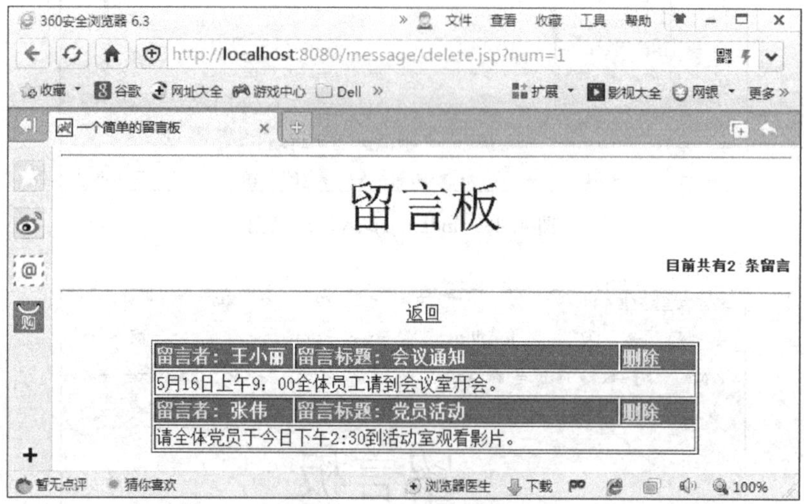

图 4.31　删除留言结果图

4.4　学习总结

1. JSP 的概念，它与 ASP、PHP 的区别以及 JSP 的特点。
2. JSP 与 Servlet 的关系。
3. JSP 的执行过程。
4. JSP 的基本语法、注释和转义。
5. JSP 的指令元素包括 page 指令、include 指令和 taglib 指令。

6. JSP 的标准动作的使用。

7. JSP 中的 9 大隐含对象的应用。

8. JSP 的 4 种作用范围：page、request、session、application。

4.5 课后习题

1. 比较 JSP 的各种注释方式，它们各有什么特点？

2. JSP 中的属性作用范围有几种，有哪些区别？

3. 设计一个 JSP 页面，要求页面颜色每天发生变化。

4. 编写一个 JSP 页面，在网页上显示此页面被访问的次数，也可以叫做网页计数器。

5. 设计一个如图 4.32 所示的用户注册页面。用户输入完注册信息，单击“提交”按钮后，进入另一个网页，网页上显示用户的全部注册信息。

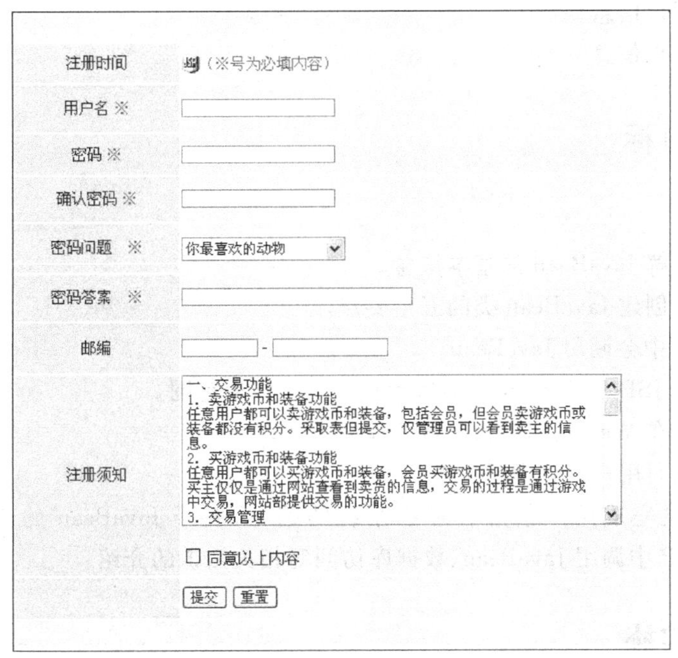

图 4.32 用户注册页面

项目 5　用户信息管理小系统

5.1　项目描述

信息处理已成为当今世界一项重要的社会活动，用户管理系统模式正迅猛发展并深入到各行各业中。用户信息管理小系统主要用于管理用户信息。本项目主要完成的功能如下。

(1) 添加用户信息。

(2) 删除用户信息。

(3) 修改用户信息。

(4) 查询用户信息。

5.2　学习目标

学习目标：

(1) 能够了解 JavaBean 的基本概念。

(2) 能掌握创建 JavaBean 类的五个要点。

(3) 在 JSP 中会调用 JavaBean。

(4) 能理解 JSP 与 Servlet 间传递参数的三个作用范围。

(5) 能掌握在 Web 应用中访问数据库的方法。

(6) 能够编写用户信息管理小系统。

本项目通过完成用户信息管理小系统的编写，展开 JavaBean 的基本概念、创建 JavaBean、在 JSP 中调用 JavaBean、数据库访问等相关知识的介绍。

5.3　项目实施

任务 5.3.1　JavaBean 简介

1. 什么是 JavaBean

JavaBean 是一种遵循某种特殊规范的 Java 类，它是一种可以跨平台的可重用的组件，可在多个应用程序中使用，更可以在软件开发工具中被直观地操作。

可以将 JavaBean 看做一个黑盒子，它的主要特性就是将实现细节都封装起来。这个模型被设计成使第三方厂家可以生成和销售，并能集成到其他开发厂家或其他开发人员的软件产品中的 Java 组件。通常可以从开发厂家购买现成的 JavaBean 组件，拖放到集成开发环境的工具箱中，再将其应用于应用软件的开发。对于JavaBean组件的属性、行为，可以进行必要的修改、测试和修订，而不必重新编写程序。在JavaBean模型中，JavaBean组件可以被修改或与其他JavaBean组件组合，以生成新的JavaBean组件或完整的JavaBean程序。

最早的JavaBean主要是用来开发可视化组件，例如一个按钮、一个文本框等，它们都对应一个JavaBean。应用程序开发者可以通过支持JavaBean的开发工具直接使用现成的JavaBean，也可以在开发工具容器中对组件进行必要的修改。可视化的JavaBean组件主要用于Java GUI的程序设计中，由于在Java Web开发中使用的是非可视化JavaBean，所以这里主要阐述非可视化JavaBean组件的使用。

非可视化的JavaBean，顾名思义就是没有GUI界面的JavaBean。在JSP程序中常用来封装事务逻辑、数据库操作等，可以很好地实现业务逻辑和前台程序（如JSP文件）的分离，使系统具有更好的健壮性和灵活性。

2. JavaBean的特点

(1) 可以提高代码的可复用性：对于通用的事务处理逻辑，数据库操作等都可以封装在JavaBean中，通过调用JavaBean的属性和方法可快速进行程序设计。

(2) 可以在任何支持Java的平台上工作，不需要重新编译。

(3) 程序易于开发维护：实现逻辑的封装，使事务处理和显示互不干扰。

(4) 可以与其他Java类同时使用。

(5) 支持分布式运用：多用于JavaBean，尽量减少java代码和html的混编。

(6) 可以通过网络传输。

3. 如何编写JavaBean

开发工具之所以可以对JavaBean组件进行直观操作，是因为JavaBean遵循了一系列规范，是一种特殊的Java类。在Java Web中，开发JavaBean组件需要遵循如下规范。

(1) 在一个Web应用中，所有的JavaBean必须放在一个包中。

(2) JavaBean类必须声明为public class类型，即文件名与类名一致。

(3) JavaBean类必须提供一个无参构造函数，可以显式地定义一个无参构造函数，或者不写任何的构造函数，这样系统就会自动创建一个空构造函数。

(4) 在JavaBean类中，不应有public的变量。也就是说，应当使用访问方法来访问bean类的属性，而不是直接访问。这样可以在变量值的访问上增加一些限制，允许在不改变类接口的情况下改变内部数据结构。

(5) 类中的每个属性都可以通过getXxx和setXxx方法来访问。

其中，getXxx方法主要是提供外界访问此属性的接口，setXxx方法对此属性进行赋值操作。getXxx和setXxx方法名也需要遵循特定的规范：get或set后附加属性名，且属性名的首字母大写。它们的语法格式如下。

```
//set方法的语法格式
```

```
public void setXxx(属性的数据类型 参数){ }
//get 方法的语法格式
public 属性的数据类型 getXxx(){ }
```

示例：

```
//定义属性的部分代码
package mybeans;
public class SimpleMessBean{
private String mess="Hello";
public SimpleMessBean(){ }
public String getMess(){
return mess;
}
public void setMess(String mess){
this.mess=mess;
}
}
```

上述代码中定义了一个名为 mess 的字符串类型的属性。与这个属性相对应的方法为 setMess()、getMess()，使用这两个方法可以存取 mess 属性的值。

任务 5.3.2　JSP 调用 JavaBean

JavaBean 可以在 JSP 程序中应用，这给 JSP 程序员带来了很大方便。开发人员可以把某些关键功能和核心算法提取出来，封装成一个 JavaBean 组件对象，增加代码的重用率、系统的安全性。比如，可以将访问数据库的功能、数据处理功能编写封装为 JavaBean 组件，然后在 JSP 中调用。

在 JSP 中，可以通过 scriplet 代码或声明的方式访问 JavaBean。但是大量使用这些脚本代码的页面往往有些混乱，并且不容易维护。更好的方法是使用 JSP 中标准的动作标签来访问 JavaBean，这样页面只是使用了少量附加标签，看起来更接近普通的 HTML 页面。

JSP 标签库中的标准动作使用<JSP>作为前缀，标签动作中的属性区分大小写，属性中的值必须置于双引号内。JSP 中的标签动作可以为空标签或容器标签，空标签没有主体，并且在标签内结束。要想在 JSP 程序中使用 JavaBean 组件，可以通过<jsp:useBean>标签创建或获取 JavaBean 对象，<jsp:getProperty>和<jsp:setProperty>标签则可以用来操作 JavaBean 的各个属性。

1. <jsp:useBean>标准动作

1) 功能

<jsp:useBean>标准动作用于在 JSP 页面中获取或实例化一个 JavaBean 组件，这个组件可以在这个 JSP 程序的其他地方被调用。

2）语法

<jsp:useBean>标准动作用的基本语法形式如下。

```
<jsp: useBean id="name" scope="page|request|session|application" class=
"className"/>
```

其中：

(1) id属性用来设定JavaBean对象的名称，利用id可以识别在同一个JSP程序中使用的不同的JavaBean实例。

(2) class属性指定JSP引擎查找JavaBean代码的路径，一般是这个JavaBean所对应的完全类名。

(3) scope属性用于指定JavaBean实例对象的生命周期，也就是这个JavaBean的有效作用范围。scope的值可以是page、request、session以及application。如果在使用标签中没有指定scope属性，那么默认值是page，表明仅对此页面有效。request表示bean实例的有效范围是在一个单独客户请求的生命周期内。session表明bean实例的有效范围是整个用户会话的生命周期内。application则表示实例的有效范围是整个Web应用的生命周期内。

3）示例

```
<jsp: useBean id="message" class="mybeans. SimpleMessBean" scope="request"/>
```

JSP引擎首先会在request范围中查找mess对象，也就是执行类似于request. getAttribute("message")；的代码，如果其返回非空，表示message对象存在，那么页面的其他地方就可以直接使用此对象，获取此对象上的相关信息，如<%=message. getMess()%>。如果没有找到对应的对象信息，容器则会创建一个类为mybeans. SimpleMessBean的对象，对象名为message，并且存放到request范围内。同样，在JSP页面的其他地方可以直接使用message对象。

综上所述，使用此标签类似于在页面中存在如下一段scriplet代码。

```
<%
mybeans. SimpleMessBean mess=(mybeans. SimpleMessBean)
request.getAttribute("message");
if(message==null){
message=new mybeans. SimpleMessBean();
request.setAttribute("message",message);
}
%>
```

2. <jsp:setProperty>标准动作

1）功能

<jsp:setProperty>标准动作用于设置JavaBean中指定属性的属性值，等效于<%JavaBean对象. setXxx("属性值")；%>。setProperty动作指定名称、属性、值和参

数,用于赋值给 Bean 的属性。也就是说,当 JavaBean 组件对象被实例化后,就可以对它的属性进行存取。要改变 JavaBean 的属性,可以使用<jsp:setProperty>标准动作或直接调用 JavaBean 对象的方法。

2) 语法

<jsp:setProperty>标准动作有以下 3 种语法形式。

(1)

```
<jsp:setProperty  name="beanName" property="propertyName" value="value"/>
```

其中:

- name 属性是必要的,用来指定 JavaBean 对象的名称。这个 JavaBean 必须首先使用<jsp:useBean>实例化,它的值应与<jsp:useBean>中 id 属性的值一致,包括大小写都必须一致。
- property 属性也是必需的,用来指定 JavaBean 需要设置的属性名称。同样,此处的属性必须是 JavaBean 中实际存在的属性名,并且在 JavaBean 类中要有针对此属性的 setXxx 方法。
- value 属性表示对 property 指定的属性所赋的值。

例如:

```
<jsp: setProperty name="message" property="mess" value="Hello World!"/>
```

相当于如下 JSP 的脚本。

```
<%
message.setMess("Hello World! ");
%>
```

(2)

```
<jsp:setProperty name="beanName" property="propertyName" param="paramName"/>
```

其中:

param 属性表示某个请求参数,此时 JavaBean 中指定的属性的值被赋为该参数的值。

例如:

```
<jsp: setProperty name="message" property="mess" param="a"/>
```

其中 param="a",表示可以从请求中获取名为"a"参数对应的值。此标签类似于如下 Java 代码。

```
<%
String str=request.getParamter("a ");
message.setMess(str);
%>
```

如果参数的名称与对应的属性名相同,则 param 属性可以省略。在上例中,如果传递的参数名为 mess，则可以表示如下。

```
<jsp: setProperty name="message" property="mess"/>
```

(3)

```
<jsp:setProperty name="beanName" property="*"/>
```

当 property 属性的值为"*"时，表示希望 JSP 引擎将用户请求参数与 JavaBean 进行自动匹配赋值。这是一个强大的功能：JSP 引擎将发送到 JSP 页面的请求参数逐个与 JavaBean 的属性匹配，当用户请求参数的名称与 JavaBean 的属性名称相匹配时，自动完成属性赋值。

3. <jsp:getProperty>标准动作

1）功能

<jsp:getProperty>标准动作用于将 JavaBean 中指定属性的值输出到页面，等效于<%=JavaBean 对象.getXxx()；%>。系统先将收到的值转换为字符串，然后再作为输出结果进行发送。<jsp:getProperty>标准动作也是搭配<jsp:useBean>标准动作一同使用的，可以获取某个 JavaBean 组件对象的属性值，并使用输出方法输出这个值到页面。

2）语法

<jsp:getProperty>操作的语法形式如下所示。

```
<jsp: getProperty name="beanName" property="propertyName"/>
```

其中：

(1) name 用来指定 JavaBean 对象的名称。需要注意，name 指定的 JavaBean 组件对象必须已经使用<jsp:useBean>标准动作实例化了。

(2) property 用来指定要读取的 JavaBean 组件对象的属性名称。

3）示例

```
<jsp: getProperty name="message" property="mess"/>
```

表示提取 message 对象的 mess 属性的值，并输出到页面，类似于如下 Java 代码。

```
<%
String str=message.getMess();
out.println(str);
%>
```

4. 示例

这个例子由一个 JavaBean—User.java、一个 HTML—index.html、一个 JSP—show.jsp 组成。由 index.html 输入参数的值，在 show.jsp 中生成一个 show.jsp 对象实例，并将值赋给相应的变量，然后输出到页面上。

步骤一：创建一个 JavaBean 类，包含用户名、密码两个属性，代码如下。

```
//User.java
package mybeans;
public class User{
private String name="UName";
private String pwd="123456";
public User(){
}
public String getName(){
return name;
}
public void setName(String name){
this.name=name;
}
public String getPwd(){
return pwd;
}
public void setPwd(String pwd){
this.pwd=pwd;
}
}
```

步骤二：创建一个普通的 HTML 网页，用于接受用户的输入，代码如下。

```
//index.html
<html>
<head>
<title>JavaBean 登录</title>
</head>
<body>
<form action="show.jsp" method="POST">
<p>姓名：
<input type="text" name="name"></p>
<p>密码：
<input type="password" name="pwd"></p>
<p><input type="submit" value="提交">
<input type="reset" value="重置">
</p>
</form>
</body>
</html>
```

步骤三：创建一个 JSP 页面，接受输入后生成 Bean，然后显示出来，代码如下。

```
//show.jsp
<%@page contentType="text/html;charset=GBK"%>
<html>
```

```
<head>
<title>JavaBean 登录</title>
</head>
<jsp:useBean id="user" scope="session" class="mybeans.User"/>
<jsp:setProperty name="user" property="*"/>
<body>
提交信息如下:
<p>姓名:
<jsp:getProperty name="user" property="name"/>
</p>
<p>密码:
<jsp:getProperty name="user" property="pwd"/>
</p>
</body>
</html>
```

运行结果如图 5.1 和图 5.2 所示。

图 5.1　主页面的运行结果

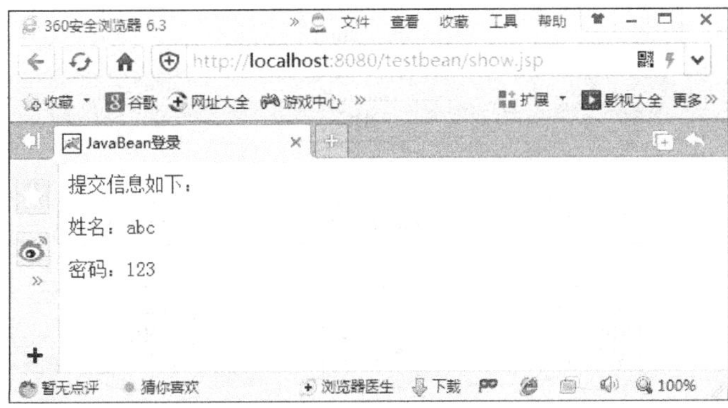

图 5.2　提交后结果

任务 5.3.3 JSP 与 Servlet 间传递参数的三个作用范围

项目 2 中讲述了在 Servlet 中间传递参数的方法。作为网页的表现，JSP 与 Servlet 之间应该如何进行参数的传递呢？

JSP 与 Servlet 之间传递的参数也同样有以下常用的三个作用范围。

(1) request：这个范围的参数只在一次请求的范围内有效。

(2) session：这个范围的参数在一次会话中有效，当参数中储存的是与一次会话相关的信息时，这个范围十分常用。

(3) application：这个范围的参数在这个 Web 应用程序的范围内都有效。它多数用来存储需要在整个应用程序范围内都可见的共享信息，否则一般不宜使用，因为它会一直占用系统资源，给系统带来很大负担。

任务 5.3.4 数据库访问

1. JDBC 简介

Java 数据库连接(Java DataBase Connectivity，JDBC)是使用 Java 语言编写的，用于执行 SQL 的 Java API。它将数据库存取的 API 与 SQL 语句分开，实现数据库无关的 API 接口，即 JDBC 统一接口。开发人员只要专注于 SQL 语句，而不必理会底层的数据驱动程序与相关接口。JDBC 的重要作用是建立与数据库系统的连接，并发送 SQL 语句到相应的关系型数据库以及处理数据库返回的结果。

使用 JDBC，由厂商提供数据库接口，而 SQL 的操作由 Java 程序设计人员负责。如果要更换驱动程序，只要加载新的驱动程序即可，Java 程序的部门无需改变。也就是说，Java 程序访问数据库除了使用 JDBC 外，还需要有 JDBC 驱动程序。图 5.3 展示了 Java 应用程序、JDBC、JDBC 驱程序与数据库之间的关系。

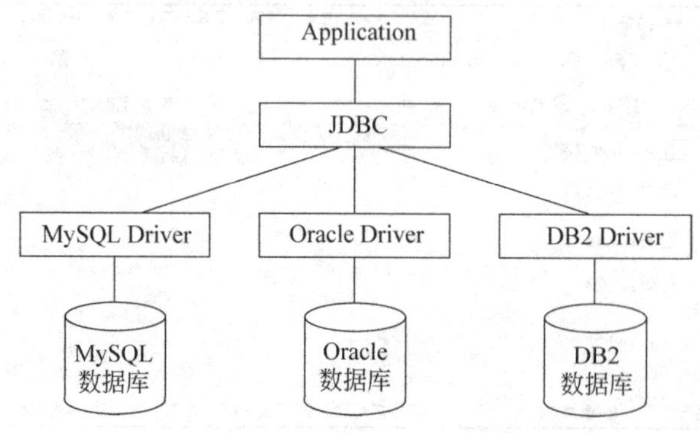

图 5.3 JDBC 结构示意图

JDBC 是访问数据库的类和接口集合，Java 程序可以使用这些类和接口访问和操作数据库。JDBC 驱动程序则是 JDBC 访问具体数据库的接口，为 JDBC 与数据库之间的通信提供方便。访问不同的数据库,JDBC 需要使用不同的驱动程序。即使同一种数据库的不同版本,JDBC 驱动程序也可能不同。

2. JDBC 驱动程序和 JDBC URL

1) JDBC 驱动程序

依实现方式,JDBC 数据库驱动程序可以分为以下 4 个类型。

(1) JDBC-ODBC Bridge

使用者在计算机上必须事先安装好 ODBC 驱动程序,该驱动程序利用 Bridge 方式,将 JDBC 的调用方式转换为 ODBC 的调用方式,用于 Microsoft Access 之类的数据库存取,代码如下。

```
Application<-->JDBC-ODBC Bridge<-->ODBC Driver<-->Database
```

(2) Native-API Bridge

驱动程序上层包装 Java 程序用于与 Java 应用程序作沟通,将 JDBC 呼唤转为底层程序代码的呼叫,下层为底层语言(像 C、C++),来与数据库作沟通,下层的函数库是针对特定数据库设计的,不像 JDBC-ODBC Bridge,可以对 ODBC 架构的数据库进行访问,代码如下。

```
Application<-->Native-API Bridge<-->Native Driver<-->Database
```

(3) JDBC-middleware

通过中间件来存取数据库,使用者不必安装特定的驱动程序,而是由驱动程序呼叫中间件,由中间件来完成所有的数据库存取动作,然后将结果传回驱动程序。

```
Application<-->JDBC-middleware<-->middleware<-->Database
```

(4) Pure Java Driver

使用纯 Java 编写驱动程序与数据库作沟通,而不通过桥接或中间件来存取数据库,代码如下。

```
Application<-->Pure Java Driver<-->Database
```

通常开发中多采用 Pure Java Driver,它的使用更加直接和简便。

2) JDBC URL

JDBC 采用 JDBC URL 来标识数据库,类似于用 URL 来标识网络资源。JDBC URL 定义了连接数据库时的协议、子协议、数据来源,语法格式如下。

```
协议:子协议:资料来源识别
```

其中,协议在 JDBC 中总是以 jdbc 开始;子协议是桥接的驱动程序或是数据库管理系统的名称,如使用 MySQL 就是 mysql;数据来源识别标出找出数据库来源的地址。例如,MySQL 的 JDBC URL 撰写方式如下。

```
jdbc:mysql://主机名称:连接端口/数据库名称?参数1=值1&参数2=值2
```

主机名称可以是本机 localhost 或是其他联机主机,连接端口为 3306。假设要联机 test 数据库,并指明使用者名称与密码,可以指定如下。

```
jdbc: mysql: //localhost: 3306/test?user=root&password=123456
```

如果要使用中文访问,还必须给定参数 userUnicode 及 characterEncoding,表明是否使用 Unicode,并指定字符编码方式,例如

```
jdbc: mysql: //localhost: 3306/test?user=root&password=123456&userUnicode=
true&characterEncoding=UTF8
```

3) 常用的数据库驱动程序和 URL

对于不同的数据库,厂商提供的驱动程序和连接的 URL 都不相同。表 5.1 是常用的数据库连接的驱动与 URL 列表。

表 5.1 常用的数据库驱动程序和 URL

数据库名	数据库驱动程序	数据库连接 URL
MySQL	com. mysql. jdbc. Driver	jdbc:mysql://主机名称:3306/数据库名称
Oracle	oracle. jdbc. driver. OracleDriver	jdbc:oracle:thin:@主机名:1521:数据库名称
SQLServer	com. microsoft. jdbc. sqlserver. SQLServerDriver	jdbc: microsoft: sqlserver://主机名: 1433; DatabaseName=数据库名称
桥连接	sun. jdbc. odbc. JdbcOdbcDricer	jdbc:odbc:数据库名称

3. JDBC API

JDBC API 核心类和接口定义在 java. sql 包中,主要的类和接口如下。

(1) DriverManager 类:用于管理 JDBC 驱动程序,处理驱动程序的装载,建立新的数据库连接。由数据库厂商提供的驱动程序必须到该类中注册后才能被使用。通过 DriverManager 类的静态方法 getConnection 建立与数据库连接的对象 Connection。getConnection 方法的格式如下。

```
public static Connection getConnection (String url, String user, String
password) throws SQLException
```

其中,url 代表 JDBC URL,user 代表数据库用户名,password 代表用户的密码。连接时,该类根据 JDBC URL、数据库用户名和密码选择匹配的驱动程序和数据库。

(2) Connection 接口:表示连接到特定的数据库。由 Connection 接口的 createStatement 方法创建声明对象 Statement 执行 SQL 语句。createStatement 方法的格式如下。

```
Statement createStatement() throws SQLException
```

(3) Statement 接口:用于执行 SQL 语句并返回相应结果。该接口有两个子接口。

① PreparedStatement:用于执行预编译的 SQL 语句。

② CallableStatement：用于执行 SQL 存储过程。

Statement 接口提供了几个常用的执行 SQL 语句的方法。

① ResultSet executeQuery(String sql)throws SQLException。

一般用于执行 SQL 的 SELECT 语句。它的返回值是执行 SQL 语句后产生的一个结果集 ResultSet 接口的对象。

② int executeUpdate(String sql)throws SQLException。

这个方法一般用于执行 SQL 的 CREATE、DROP、ALTER、INSERT、UPDATE 或 DELETE 等更新操作的语句。执行 INSERT 等 SQL 语句时，此方法的返回值是执行了这个 SQL 语句后所影响的记录的总行数。

③ boolean execute(String sql)throws SQLException。

一般是在不知道执行 SQL 语句后会产生什么结果或可能有多种类型的结果产生时才会使用。execute()的执行结果包括 3 种情况：包含多个 ResultSet(结果集)；多条记录被影响；既包含结果集也有记录被影响。

(4) ResultSet 接口：通过执行查询的 SQL 语句后生成的数据库结果集，其结构与表结构一样。ResulteSet 对象具有指向当前数据行的游标，最初，游标被置于第一行之前。ResultSet 的 next()方法可以将游标移动到下一行记录，并判断是否有下一行记录，如果有，则返回 true，否则返回 false。要获取结果集中的数据，可以使用 ResultSet 的 getXxx()方法，从当前记录中取出各个列的值，其中 Xxx 代表记录中列的数据类型，且数据类型的首字母要大写。如待取出的列为整型，则使用 getInt()方法。

4. JDBC 访问数据库的基本过程

1) 加载并注册 JDBC 驱动程序

在与某一数据库建立连接前，首先要加载并注册相应的驱动程序。通过 java. lang. Class 类的 forName()方法来加载驱动程序，接着驱动程序会自动通过 DriverManager. registerDriver()方法向 DriverManager 中注册。下面的代码片段说明了加载 JDBC 驱动程序的方法。

```
try{
Class.forName("驱动程序");
}
catch(java.lang.ClassNotFoundException e){
System.out.println("找不到驱动程序类别");
}
```

如果找不到驱动程序类，就会抛出 ClassNotFoundException，这时需确定环境变量 CLASSPATH 中是否包括了驱动的位置。

2) 建立与数据库的连接

加载并注册 JDBC 驱动程序后，可以使用 DriverManager 类的 getConnection()方法建立与数据库的连接。例如，建立与 MySQL 数据库的连接，代码片断如下。

```
try{
String url="jdbc:mysql://localhost:3306/test";
String user="root";
String password="123456";
Connection conn=DriverManager.getConnection(url,user,password);
if(conn!=null&&conn.isClosed()){
System.out.println("数据库连接成功!");
conn.close();
}
}
catch(SQLException e){
}
```

取得 Connection 对象之后,可以测试与数据库的连接是否关闭。即使用 isClosed() 方法,操作完数据库之后,使用 close()关闭与数据库的连接。下面的程序是用来测试与数据库连接是否成功的一个完整范例,代码如下。

```
//连接数据库
import java.sql.*;
class DBConnection{
public static void main(String[] args){
String driver="com.mysql.jdbc.Driver";
String url="jdbc:mysql://localhost:3306/test";
String user="root";
String password="123456";
try{
Class.forName(driver);                                    //加载驱动程序
Connection conn=DriverManager.getConnection(url,user,password);
                                                          //建立与数据库的连接
if(conn!=null&&conn.isClosed()){
System.out.println("数据库连接成功!");
conn.close();
}
}
catch(java.lang.ClassNotFoundException e){
System.out.println("找不到驱动程序类别");
e.printStackTrace();
}
catch(SQLException e){
e.printStackTrace();
}
}
}
```

3) 创建声明对象,执行 SQL 语句

与数据库建立连接成功后,如果想要执行 SQL 语句,就可以通过 Connection(连接)

对象的 createStatement()方法创建 Statement(声明)对象,创建语句如下。

```
//建立 Statement 对象
Connection conn=DriverManager.getConnection(url,user,password);
Statement stmt=conn.createStatement();
```

取得 Statement 对象后,可以使用该对象的 execute()、executeQuery()、executeUpdate()等方法执行 SQL 语句。其中,executeQuery()方法用于执行 SELECT 等查询数据库的 SQL 语句,该方法会传回 ResultSet(结果集)对象,代表查询结果。

例如:在数据库中新建一张表、插入一条记录并查询表中所有的记录,代码如下。

```
//执行 SQL 语句
Connection conn=DriverManager.getConnection(url,user,password);
Statement stmt=conn.createStatement();
stmt.executeUpdate("create table user(name varchar(10),pass varchar(10))");
stmt.executeUpdate("insert into user('abc', '123')");
ResultSet result=stmt.executeQuery("select * from user");
```

4) 访问结果集中的数据

执行了 SELECT 查询语句时,符合条件的数据存放在 ResultSet 对象中。查询结果是一笔一笔的数据,如同一张二维数据表。要想访问结果集中的数据,需要先使用 next()方法找到该数据所处的行,接着再使用 getXxx()方法指出该数据所在的列,最终获得数据。getXxx()方法的语法格式有如下两种形式。

① xxx getXxx(String columnName)

② xxx getXxx(int columnIndex)

其中,xxx 表示欲获得字段的数据类型,方法名数据类型的首字母要大写,columnName 表示字段名,columnIndex 表示数据表中按照从左到右的顺序排列的序列号,从 1 开始记数。

例如:

```
//访问结果集中的数据
ResultSet result=stmt.executeQuery("select * from user");
while (result.next()) {
System.out.print(result.getString(1)+"\t");  //获得每条记录中第 1 个字段里的内容
System.out.print(result.getString("pass")+"\t");
                                             //获取每条记录中字段为 pass 列的值
System.out.println();
}
```

5) 关闭结果集、声明和连接对象

使用完数据资源后,应当依次关闭 ResultSet、Statement 和 Connection 对象。

例如:

```
//关闭结果集、声明和连接对象
result.close();                              //关闭 ResultSet 对象
```

```
stmt.close();                          //关闭 Statement 对象
conn.close();                          //关闭 Connection 对象
```

5. 示例

下面是一个完整的示例,代码如下。

```
//JDBC 查询
import java.sql.*;
class DBTest {
public static void main(String[] args) {
String driver="com.mysql.jdbc.Driver";
String url="jdbc:mysql://localhost:3306/test";
String user="root";
String password="123456";
Connection conn=null;
Statement stmt=null;
try {
Class.forName(driver);                                          //加载并注册驱动程序
conn=DriverManager.getConnection(url, user, password);//建立连接
stmt=conn.createStatement();                                    //创建 Statement 对象
stmt.executeUpdate ("CREATE TABLE msg (name VARCHAR (20), email VARCHAR (20),
subject VARCHAR(20),memo VARCHAR(20))");                        //执行 SQL
stmt.execute("INSERT INTO msg VALUES('tom', 'tom@126.com', 'good', 'ok')");
ResultSet result=stmt.executeQuery("SELECT * FROM msg"); //把查询结果放在结果集中
while (result.next()) {
System.out.print(result.getString(1)+"\t"); //获得每条记录中第 1 个字段里的内容
System.out.print(result.getString(2)+"\t");
System.out.print(result.getString(3)+"\t");
System.out.print(result.getString(4)+"\t");
System.out.println();
}}
catch (ClassNotFoundException e) {
System.out.println("找不到驱动程序");
e.printStackTrace();
}
catch (SQLException e) {
e.printStackTrace();
}
finally {
if (stmt !=null) {
try {
stmt.close();}                                                  //关闭 Statement 对象
catch (SQLException e) {
```

```
e.printStackTrace();
}}
if (conn !=null) {
try {
conn.close();}                                          //关闭连接
catch (SQLException e) {
e.printStackTrace();}
}}}}
```

最后要注意的是,Connection 对象预设为自动提交(Commit)。也就是说,Statement 对象执行完 SQL 语句后,马上对数据库进行变更,如果想要对 Statement 对象执行的 SQL 语句进行除错,可以使用 Connection 对象的 setAutoCommint(false)方法,取消自动提交,执行完 SQL 之后,再调用 Connection 的 commit()方法提交变更。另外,使用 Connection 的 getAutoCommit()可以测试是否设定为自动提交。

当然,无论是否执行了 commit()方法,只要 SQL 语句没错,关闭 Statement 或 Connection 前都会执行提交动作,对数据库进行变更。

6. Statement 批处理

Statement 对象的 executeUpdate()、execute()等方法一次只能执行一个 SQL 语句。如果要一次性执行多个 SQL 语句,可以先多次使用 Statement 对象的 addBatch()方法,将要执行的每一个 SQL 语句加入到批处理队列中,然后调用 Statement 对象的 executeBatch()方法,完成一次性执行多个 SQL 语句的操作,增加执行效率。

例如:

```
//Statement 执行批处理
import java.sql.*;
class BatchDemo {
public static void main(String[] args) {
String driver="com.mysql.jdbc.Driver";
String url="jdbc:mysql://localhost:3306/test";
String user="root";
String password="123456";
try {
Class.forName(driver);                                  //加载并注册驱动程序
Connection conn=DriverManager.getConnection(url, user, password);
                                                        //建立连接
Statement stmt=conn.createStatement();                  //建立声明
//加入 SQL 语句
stmt.addBatch("INSERT INTO msg VALUES('Tom','tom@mail.com','one','aa')");
stmt.addBatch("INSERT INTO msg VALUES('mike','dog@mail.com','two','bb')");
stmt.addBatch("INSERT INTO msg VALUES('lili','momor@mail.com','three','cc')");
stmt.executeBatch();                                    //批处理
if (conn !=null && !conn.isClosed()) {
```

```
System.out.println("数据库联接测试成功!");
conn.close();
}}
catch (ClassNotFoundException e) {
System.out.println("找不到驱动程序");
e.printStackTrace();
}
catch (SQLException e) {
e.printStackTrace();
}}}
```

在 Connection 的自动提交为 true 的情况下，执行 executeBatch()时，每执行一条 SQL 语句都会立即对数据库做变更。如果中间某条 SQL 语句有错误，错误之前的 SQL 语句对数据库的更新已经生效，而错误之后的 SQL 语句则不会执行。如果要对一组 SQL 语句的更新全部执行，为了避免上述问题，可以关闭 Connection 对象的自动提交。executeBatch()方法执行成功后，再调用 commit()方法，确认对数据库的更新，以确保所有的 SQL 都正确执行，例如

```
//Statement 执行批处理
import java.sql.*;
class BatchDemo2{
public static void main(String[] args) {
String driver="com.mysql.jdbc.Driver";
String url="jdbc:mysql://localhost:3306/test";
String user="root";
String password="123456";
try {
Class.forName(driver);
Connection conn=DriverManager.getConnection(url, user, password);
conn.setAutoCommit(false);                              //取消自动提交
Statement stmt=conn.createStatement();
//加入 SQL 语句
stmt.addBatch("INSERT INTO msg VALUES('Tom','tom@mail.com','one','aa')");
stmt.addBatch("INSERT INTO msg VALUES('mike','dog@mail.com','two','bb')");
stmt.addBatch("INSERT INTO msg VALUES('lili','momor@mail.com','three','cc')");
stmt.executeBatch();
conn.commit();                                          //批处理后,再提交
if (conn !=null && !conn.isClosed()) {
System.out.println("数据库联接测试成功!");
conn.close();
}}
catch (ClassNotFoundException e) {
System.out.println("找不到驱动程序");
e.printStackTrace();
```

```
}
catch (SQLException e) {
e.printStackTrace();
}
}}
```

执行 executeBatch()时，如果 SQL 语句有错误，会抛出 BatchUpdateException 异常，这时可以由 BatchUpdateException 对象的 getUpdateCounts()方法获得正确的 SQL 语句。

7. PreparedStatement

PreparedStatement 接口继承自 Statement 接口。与 Statement 对象不同的是，它可以预先对 SQL 语句进行编译，并储存在内存中，所以执行的效率较高。而 Statement 对象在执行 SQL 语句时才会去编译它。

对于预先编译的 SQL 语句，可以使用占位符(?)，代表可置换的参数。只需要使用时动态地传入参数，就可以重复利用该 SQL 语句。同时，要将参数指定给每一个字段，可以使用 PreparedStatement 对象的 setXxx()方法，具体格式如下。

```
void setXxx(int index,xxx value)
```

其中，xxx 代表字段的数据类型，方法名 setXxx 中类型的首字母要大写，index 指定占位符(?)的位置，占位符从 1 开始计数。value 为替代占位符的值。

PreparedStatement 对象的创建需要调用 Connection 对象的 prepareStatement()方法。创建该对象的同时，传入相应的带有占位符(?)的 SQL 语句进行预编辑。方法的格式如下。

```
PreparedStatement prepareStatement(String sql)throws SQLException
```

例如：

```
//PreparedStatement
import java.sql.*;
class PrepareDemo {
public static void main(String[] args) {
String driver="com.mysql.jdbc.Driver";
String url="jdbc:mysql://localhost:3306/test";
String user="root";
String password="123456";
try {
Class.forName(driver);
Connection conn=DriverManager.getConnection(url, user, password);
PreparedStatement stmt=conn.prepareStatement(
"INSERT INTO msg VALUES(?,?,?,?)");          //创建 PreparedStatement 对象
//设置占位符的值
```

```
stmt.setString(1, "tom");
stmt.setString(2, "tom@126.com");
stmt.setString(3, "one");
stmt.setString(4, "go");
int n=stmt.executeUpdate();                    //SQL执行生效
stmt.clearParameters();                        //清除占位符的值
stmt.close();
System.out.println(n);
if (conn !=null && !conn.isClosed()) {
System.out.println("数据库联接测试成功!");
conn.close();
}}
catch (ClassNotFoundException e) {
System.out.println("找不到驱动程序");
e.printStackTrace();
}
catch (SQLException e) {
e.printStackTrace();}
}}
```

使用PreparedStatement也可以进行批处理,直接看下面的示例。

```
//PreparedStatement批处理
import java.sql.*;
class PrepareDemo2 {
public static void main(String[] args) {
String driver="com.mysql.jdbc.Driver";
String url="jdbc:mysql://localhost:3306/test";
String user="root";
String password="123456";
try {
Class.forName(driver);
Connection conn=DriverManager.getConnection(url, user, password);
PreparedStatement stmt=conn.prepareStatement(
"INSERT INTO msg VALUES(?,?,?,?)");
Msg[ ] msgs={new Msg("aa","a@126.com","a","a"),
             new Msg("bb","b@126.com","b","b"),
             new Msg("cc","c@126.com","c","c")};
for(int i=0; i<msgs.length; i++) {
stmt.setString(1, msgs[i].getName());
stmt.setString(2, msgs[i].getEmail());
stmt.setString(3, msgs[i].getSubject());
stmt.setString(4, msgs[i].getMemo());
stmt.addBatch();
}
```

```
stmt.executeBatch();
if (conn !=null && !conn.isClosed()) {
System.out.println("数据库联接测试成功!");
conn.close();
}}
catch (ClassNotFoundException e) {
System.out.println("找不到驱动程序");
e.printStackTrace();
}
catch (SQLException e) {
e.printStackTrace();
}
}
}
```

任务 5.3.5 用户信息管理小系统

了解了 JavaBean 和 JDBC 的基本概念后，下面开发一个基于 JavaBean 和 JDBC 的应用，实现对用户信息的管理操作，包括增、删、改、查。

步骤一：在 MySQL 中建立数据库表 users，代码如下。

```
//users
CREATE TABLE test.users(
id INT(10) NOT NULL auto_increment PRIMARY KEY,
user VARCHAR(10),
password VARCHAR(10),
name VARCHAR(20),
sex VARCHAR(10),
age INT,
email VARCHAR(20),
address VARCHAR(50)
);
```

步骤二：建立用户信息的 JavaBean 类 User.java，代码如下。

```
//User.java
package mybeans;
public class User {
private int id;                          //编号
private String user;                     //用户名
private String password;                 //密码
private String name;                     //姓名
private String sex;                      //性别
private int age;                         //年龄
```

```
private String email;                    //邮箱
private String address;                  //家庭住址
public User() { }
public int getId() {
return id;
}
public void setId(int id) {
this.id=id;
}
public String getUser() {
return user;
}
public void setUser(String user) {
this.user=user;
}
public String getPassword() {
return password;
}
public void setPassword(String password) {
this.password=password;
}
public String getName() {
return name;
}
public void setName(String name) {
this.name=name;
}
public String getSex() {
return sex;
}
public void setSex(String sex) {
this.sex=sex;
}
public int getAge() {
return age;
}
public void setAge(int age) {
this.age=age;
}
public String getEmail() {
return email;
}
public void setEmail(String email) {
this.email=email;
```

```
}
public String getAddress() {
return address;
}
public void setAddress(String address) {
this.address=address;
}
}
```

步骤三：由于需要对数据库操作，所以定义一个连接数据库的 JavaBean 类 DBManager.java，用以获取数据库连接，代码如下。

```
//DBManager.java
package mybeans;
import java.sql.Connection;
import java.sql.*;
public class DBManager {
private String driver="com.mysql.jdbc.Driver";
private String url="jdbc:mysql://localhost:3306/test";
private String user="root";
private String password="123456";
private Connection connection=null;
public DBManager(){
try{
Class.forName(driver);
}catch (ClassNotFoundException e) {
e.printStackTrace();
}
}
public String getDriver() {
return driver;
}
public void setDriver(String driver) {
this.driver=driver;
}
public String getUrl() {
return url;
}
public void setUrl(String url) {
this.url=url;
}
public String getUser() {
return user;
}
public void setUser(String user) {
```

```
this.user=user;
}
public String getPassword() {
return password;
}
public void setPassword(String password) {
this.password=password;
}
public Connection getConnection() {
try{
if(connection==null)
connection=DriverManager.getConnection(url,user,password);
}catch(SQLException e){
e.printStackTrace();
}
return connection;
}
public void setConnection(Connection connection) {
this.connection=connection;
}
}
```

步骤四：在实际开发中，一般将数据的业务逻辑处理交给 JavaBean，而 JSP 文件则主要作为表现层，用来提供对用户的显示功能。所以，要创建一个对用户管理的 JavaBean 类 UserManager.java，在该类中实现查询、增加、修改、删除用户信息，以及计算用户个数，代码如下。

```
//UserManager.java
package mybeans;
import java.sql.*;
import java.util.*;
public class UserManager {
public UserManager() { }
private DBManager dbManager=null;
public DBManager getObManager(){
return dbManager;
}
public void setDbManager(DBManager dbManager){
this.dbManager=dbManager;
}
/*
 * 查询用户信息
 * return List 封装了用户对象信息的集合对象
 **/
```

```
public List findUsers(){
Connection conn=dbManager.getConnection();
Statement stat=null;
ResultSet rs=null;
List users=new ArrayList();
String sql="select * from users";
try{
stat=conn.createStatement();
rs=stat.executeQuery(sql);
while(rs.next()){
User user=new User();
user.setId(rs.getInt("id"));
user.setUser(rs.getString("user"));
user.setPassword(rs.getString("password"));
user.setName(rs.getString("name"));
user.setSex(rs.getString("sex"));
user.setAge(rs.getInt("age"));
user.setEmail(rs.getString("email"));
user.setAddress(rs.getString("address"));
users.add(user);
}
}catch(SQLException ex){
ex.printStackTrace();
}finally{
try{
if(rs!=null)
rs.close();
}catch(SQLException ex1){ }
try{
if(stat!=null)
stat.close();
}catch(SQLException ex2){ }
}
return users;
}
/*
 * 传递封装了 User 对象,存储到数据库中
 * 参数 user 表示需要存储的对象信息
 * return int 返回存储是否成功的标志,0: 失败,1: 成功
 ** /
public int saveUser(User user){
Connection conn=dbManager.getConnection();
PreparedStatement ps=null;
String sql="insert into users(user,password,name,sex,age,email,address)
```

```
values(?,?,?,?,?,?,?)";
try{
ps=conn.prepareStatement(sql);
ps.setString(1,user.getUser());
ps.setString(2,user.getPassword());
ps.setString(3,user.getName());
ps.setString(4,user.getSex());
ps.setInt(5,user.getAge());
ps.setString(6,user.getEmail());
ps.setString(7,user.getAddress());
return ps.executeUpdate();
}catch(SQLException ex){
ex.printStackTrace();
}finally{
try{
if(ps!=null)
ps.close();
}catch(SQLException ex1){ }
}
return 0;
}
/*
 * 更新用户信息,传入需要修改的用户对象
 * 参数 user 表示修改后对象信息
 * return int 返回是否成功的标志,0:失败,1:成功
 **/
public int updateUser(User user){
Connection conn=dbManager.getConnection();
PreparedStatement ps=null;
String sql="update users set
user=?,password=?,name=?,sex=?,age=?,email=?,address=?where id=?";
try{
ps=conn.prepareStatement(sql);
ps.setString(1,user.getUser());
ps.setString(2,user.getPassword());
ps.setString(3,user.getName());
ps.setString(4,user.getSex());
ps.setInt(5,user.getAge());
ps.setString(6,user.getEmail());
ps.setString(7,user.getAddress());
ps.setInt(8,user.getId());
return ps.executeUpdate();
}catch(SQLException ex){
ex.printStackTrace();
```

```
}finally{
try{
if(ps!=null)
ps.close();
}catch(SQLException ex1){ }
}
return 0;
}
/*
  * 根据用户 ID 删除指定的对象
  * 参数 userId 表示用户 ID
  * return int 返回是否成功的标志,0: 失败,1: 成功
  **/
public int deleteUserById(int userId){
Connection conn=dbManager.getConnection();
PreparedStatement ps=null;
String sql="delete from users where id=?";
try{
ps=conn.prepareStatement(sql);
ps.setInt(1,userId);
ps.executeUpdate();
//删除后,使自增列 id 重新排列
Statement stmt=conn.createStatement();
//创建临时表
stmt.execute("CREATE TABLE temp(id INT(10) NOT NULL auto_increment PRIMARY KEY,
user VARCHAR(10),password VARCHAR(10),name VARCHAR(20),sex VARCHAR(10),age INT,
email VARCHAR(20),address VARCHAR(50))");
//把表的数据备份到临时表
stmt.execute("insert into temp select * from users");
//把原表的数据全部删除,并初始化原表的自增列从 0 开始计算
stmt.execute("truncate table users");
//把临时表的数据移动回原表(不包括 id)
stmt.execute("insert into users(user,password,name,sex,age,email,address)
select user,password,name,sex,age,email,address from temp");
//删除临时表
stmt.execute("drop table temp");
return 1;
}catch(SQLException ex){
ex.printStackTrace();
}
finally{
try{
if(ps!=null)
ps.close();
```

```
}catch(SQLException ex1){ }
}
return 0;
}
/*
 * 返回当前表中有多少条记录
 * return int 返回表中总的记录数
 ** /
public int getTotalRecord(){
int totalNumber=0;
Connection conn=dbManager.getConnection();
Statement stat=null;
ResultSet rs=null;
String sql="select count(*) as count from users";
try{
stat=conn.createStatement();
rs=stat.executeQuery(sql);
if(rs.next())
totalNumber=rs.getInt(1);
}catch(SQLException ex){
ex.printStackTrace();
}finally{
try{
if(rs!=null)
rs.close();
}catch(SQLException ex1){ }
try{
if(stat!=null)
stat.close();
}catch(SQLException ex2){ }
}
return totalNumber;
}
}
```

步骤五：编写主页面 index.jsp，代码如下。

```
//主页面 index.jsp
<%@page contentType="text/html;charset=gbk" language="java"%>
<html>
<head>
<title>用户信息管理
</title>
</head>
<body>
```

```
<center>
<h1>用户信息管理系统
</h1>
<hr>
<%@include file="show.jsp"%>
<br>
<form method="post" action="index.jsp">
<input type="button" name="b1" value="新用户注册"
onClick="window.open('regist.jsp')">
<input type="button" name="b2" value="修改用户信息"
onClick="window.open('update.jsp')">
<input type="button" name="b3" value="删除用户信息"
onClick="window.open('delete.jsp')">
<input type="submit" name="b4" value="刷新">
</form>
</center>
</body>
</html>
```

运行结果如图 5.4 所示。

图 5.4　主页面

步骤六：在主页面中，通过<%@include file="show.jsp"%>语句包含用于用户信息显示的 JSP 页面 show.jsp。在该 JSP 中，要查出数据库中的所有信息，并显示在页面上，代码如下。

```
//用户信息显示的 JSP 页面：show.jsp
<%@page contentType="text/html;charset=gbk" language="java"%>
<%request.setCharacterEncoding("gbk");%>
<jsp:useBean id="user" scope="page" class="mybeans.User"></jsp:useBean>
<jsp:useBean id="um" scope="application" class="mybeans.UserManager">
```

```
</jsp:useBean>
<jsp:useBean id="db" scope="application" class="mybeans.DBManager">
</jsp:useBean>
<%
um.setDbManager(db);
java.util.List result=um.findUsers();
java.util.Iterator it=result.iterator();
out.println("<table border=1 align=center bordercolor=#CCCCFF>");
out.println("<tr bgcolor=#0099FF><th colspan=8>用户信息(共计"+
um.getTotalRecord()+"个用户)</th></tr>");
out.println("<tr>");
out.println("<th width=50 align=center>编号</th><th width=100 align=center>
用户名</th><th width=100 align=center>密码</th><th width=100 align=center>
姓名</th><th width=50 align=center>性别</th><th width=50 align=center>年龄
</th><th width=200 align=center>邮箱</th><th width=250 align=center>家庭住址
</th>");
out.println("</tr>");
while(it.hasNext()){
user=(mybeans.User)it.next();
out.println("<tr>");
out.println("<td align=center>"+user.getId()+"</td>");
out.println("<td align=center>"+user.getUser()+"</td>");
out.println("<td align=center>"+user.getPassword()+"</td>");
out.println("<td align=center>"+user.getName()+"</td>");
out.println("<td align=center>"+user.getSex()+"</td>");
out.println("<td align=center>"+user.getAge()+"</td>");
out.println("<td align=center>"+user.getEmail()+"</td>");
out.println("<td align=center>"+user.getAddress()+"</td>");
out.println("</tr>");
}
out.println("</table>");
%>
```

步骤七：编写实现新用户注册的 JSP 页面 regist.jsp 和 doregist.jsp，代码如下。

```
//用户注册的 JSP 显示页面：regist.jsp
<%@page contentType="text/html;charset=gb2312" language="java"%>
<html>
<head>
<title>用户注册</title>
</head>
<body>
<center>
<h1>用户信息管理系统</h1>
```

```
<hr>
<form method="post" action="doregist.jsp">
<table width="440" border="1" align="center" cellpadding="0" cellpadding="0"
bordercolor="#CCCCFF">
<tr bgcolor="#00AAFF">
<td height="37" colspan="2">
<div align="center">用户注册信息</div>
</td></tr>
<tr>
<td width="85" height="31">用户名:</td>
<td width="348"><input name="user" type="text" size="15"></td>
</tr>
<tr>
<td height="31">密码:</td>
<td><input name="password" type="password" size="15"></td></tr>
<tr>
<td height="31">姓名:</td>
<td><input name="name" type="text" size="15"></td>
</tr>
<tr><td height="31">性别:</td>
<td><input name="sex" type="text" size="10"></td>
</tr>
<td height="31">年龄:</td>
<td><input name="age" type="text" size="10"></td>
</tr>
<tr>
<td height="31">邮箱:</td>
<td><input name="email" type="text" size="25"></td>
</tr>
<tr><td height="31">家庭住址:</td>
<td><input name="address" type="text" size="35"></td>
</tr>
<tr><td height="47" colspan="2">
<div align="center">
<input type="submit" name="submit" value="提交">
<input type="reset" name="reset" value="重置">
</div>
</td></tr>
</table>
</form>
</body>
</html>
```

```
//用户注册的 JSP 处理页面：doregist.jsp
<%@page contentType="text/html; charset=gb2312"%>
<html>
<head><title>处理页面</title></head>
<body>
<%request.setCharacterEncoding("GB2312");%>
<jsp:useBean id="user" scope="page" class="mybeans.User">
</jsp:useBean>
<jsp:setProperty name="user" property="*"/>
<jsp:useBean id="um" scope="application" class="mybeans.UserManager">
</jsp:useBean>
<jsp:useBean id="db" scope="application" class="mybeans.DBManager">
</jsp:useBean>
<%um.setDbManager(db);
int result=um.saveUser(user);
if(result==1)
out.println("添加数据成功!");
else
out.println("添加用户信息失败!");
%>
</body>
</html>
```

运行结果如图 5.5 和图 5.6 所示。

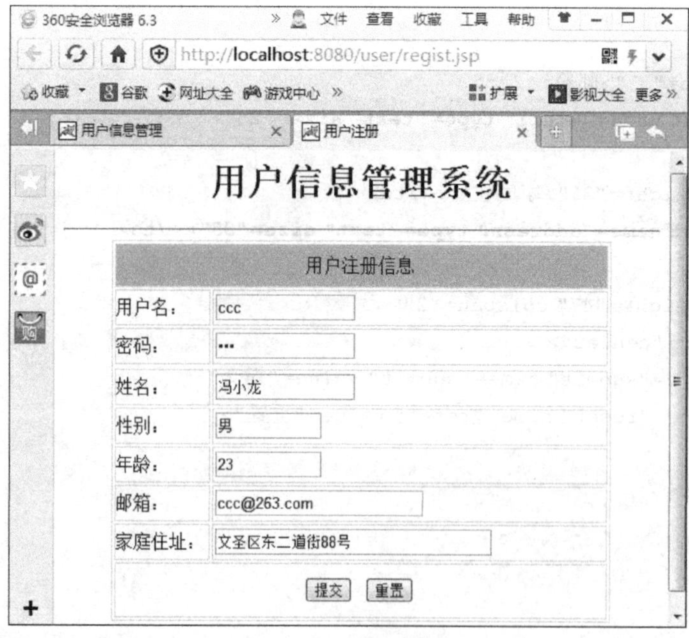

图 5.5　注册页面

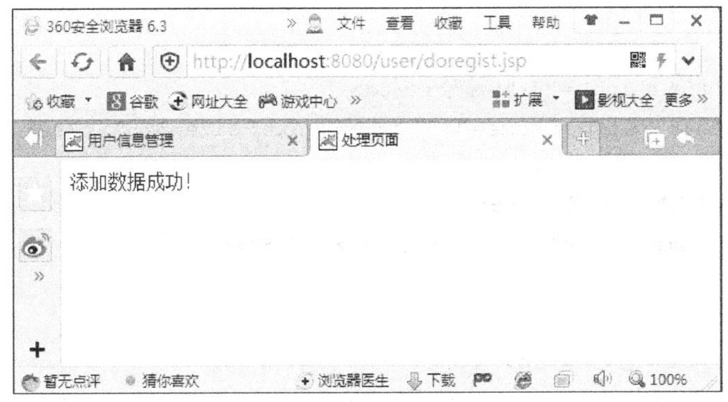

图 5.6 处理页面

代码 regist.jsp 中加粗的部分为表单信息，其名称与 JavaBean 类 User 的属性相同。所以，在处理的 doregist.jsp 代码中通过<jsp:setProperty name="user" property="*"/>标签设置提交的值。

在代码 doregist.jsp 中的处理较为简洁，其中创建了 3 个 JavaBean 对象。User 对象用来接收用户注册的信息，使用<jsp:setProperty>设置对应的属性，通过 UserManager 对象处理数据库的插入操作，此类没有和特定的客户端关联，所以将此对象存放到 application 中。DBManager 与 UserManager 一样，与特定的客户端无关，同样保存的范围设置在 application 中。

步骤八：编写实现修改用户信息的 JSP 页面 update.jsp 和 doupdate.jsp，代码如下。

```
//update.jsp
<%@page contentType="text/html;charset=gbk" language="java"%>
<html>
<head>
<title>用户修改</title>
</head>
<body>
<center>
<h1>用户信息管理系统</h1>
<hr>
<%@include file="show.jsp"%>
<div align="center">
<br>
<form method="post" action="doupdate.jsp">
请输入要修改的用户信息
<table width="440" border="1" align="center" cellpadding="0" cellpadding="0"
bordercolor="#CCCCFF">
<tr bgcolor="#0099FF">
<td height="37" colspan="2">
<div align="center">用户修改信息</div></td>
```

```
</tr>
<tr>
<td width="85" height="31">编号:</td>
<td width="348"><input name="id" type="text" size="15"></td>
</tr>
<td height="31">用户名:</td>
<td><input name="user" type="text" size="15"></td>
</tr>
<tr>
<td height="31">密码:</td>
<td><input name="password" type="password" size="15"></td>
</tr>
<tr>
<tr>
<td height="31">姓名:</td>
<td><input name="name" type="text" size="15"></td>
</tr>
<tr>
<td height="31">性别:</td>
<td><input name="sex" type="text" size="15"></td>
</tr>
<td height="31">年龄:</td>
<td><input name="age" type="text" size="10"></td>
</tr>
<tr>
<td height="31">邮箱:</td>
<td><input name="email" type="text" size="25"></td>
</tr>
<tr>
<td height="31">家庭住址:</td>
<td><input name="address" type="text" size="35"></td>
</tr>
<tr>
<td height="47" colspan="2">
<div align="center">
<input type="submit" name="submit" value="提交">
<input type="reset" name="reset" value="重置">
</div></td></tr>
</table>
</form>
</div>
</body>
</html>
```

```
//doupdate.jsp
<%@page contentType="text/html; charset=gb2312"%>
<html>
<head><title>处理页面</title></head>
<body>
<%request.setCharacterEncoding("GB2312");%>
<jsp:useBean id="user" scope="page" class="mybeans.User">
</jsp:useBean>
<jsp:setProperty name="user" property="*"/>
<jsp:useBean id="um" scope="application" class="mybeans.UserManager">
</jsp:useBean>
<jsp:useBean id="db" scope="application" class="mybeans.DBManager">
</jsp:useBean>
<%um.setDbManager(db);
int result=um.updateUser(user);
if(result==1)
out.println("修改数据成功!");
else
out.println("修改用户信息失败!");
%>
</body>
</html>
```

运行结果如图 5.7 和图 5.8 所示。

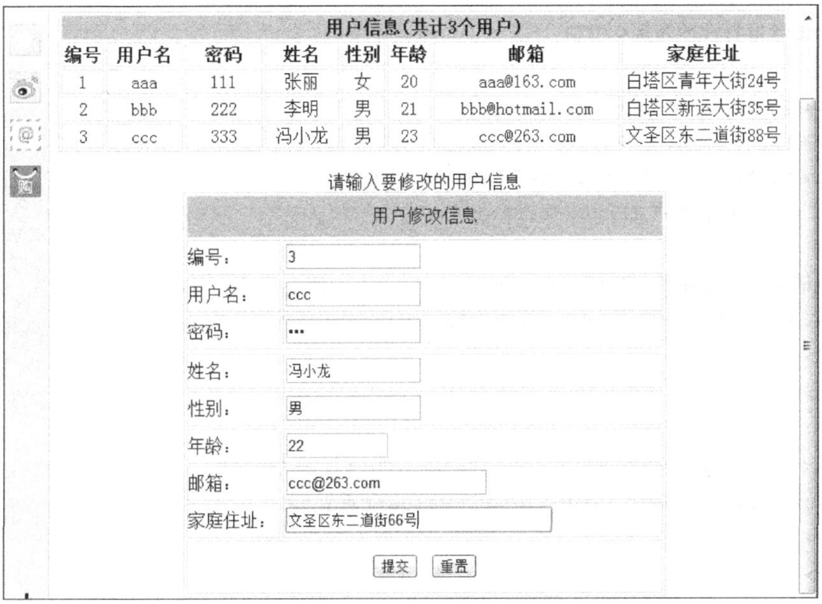

图 5.7 修改用户信息页面

图 5.8　处理后结果

步骤九：编写实现删除用户信息的 JSP 页面 delete.jsp 和 dodelete.jsp，代码如下。

```
//delete.jsp
<%@page contentType="text/html;charset=gbk" language="java"%>
<html>
<head>
<title>用户删除</title>
</head>
<body>
<center>
<h1>用户信息管理系统</h1>
<hr>
<%@include file="show.jsp"%>
<div align="center">
<form method="post" action="dodelete.jsp">
<table border="0" align="center">
<tr>
<td>请输入要删除的用户编号:</td>
<td><input type="text" name="id">
</td>
</tr>
<tr>
<td><input type="submit" name="submit" value="提交">
<input type="reset" name="reset" value="重置">
</td>
</tr>
</table>
</form>
</div>
```

```
</body>
</html>

//dodelete.jsp
<%@page contentType="text/html; charset=gb2312"%>
<html>
<head><title>处理页面</title></head>
<body>
<%request.setCharacterEncoding("GB2312");%>
<jsp:useBean id="user" scope="page" class="mybeans.User">
</jsp:useBean>
<jsp:setProperty name="user" property="*"/>
<jsp:useBean id="um" scope="application" class="mybeans.UserManager">
</jsp:useBean>
<jsp:useBean id="db" scope="application" class="mybeans.DBManager">
</jsp:useBean>
<%
int n=Integer.parseInt(request.getParameter("id"));
um.setDbManager(db);
int result=um.deleteUserById(n);
if(result==1)
out.println("删除数据成功!");
else
out.println("删除用户信息失败!");
%>
</body>
</html>
```

运行结果如图 5.9 和图 5.10 所示。

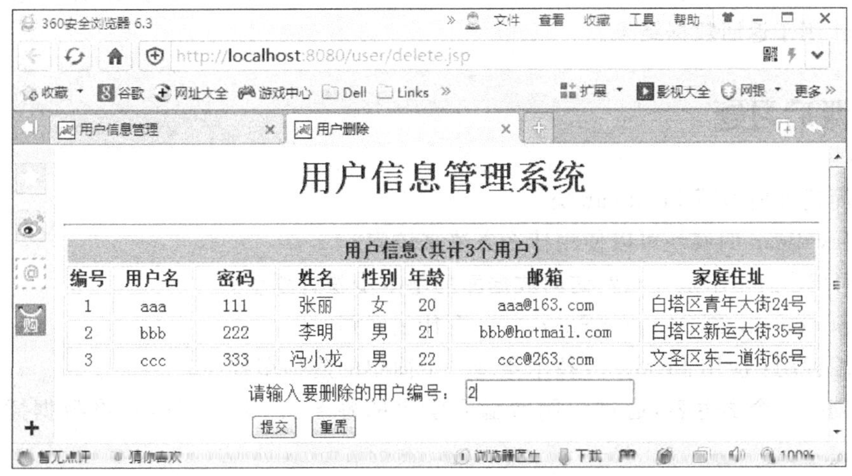

图 5.9 删除用户信息页面

图 5.10 处理后结果

5.4 学习总结

1. JavaBean 是一种可重用组件。
2. 编写 JavaBean 需要遵循五个规范。
3. JSP 中可以使用 JSP 的标准动作标签来访问 JavaBean。
4. 通过 JavaBean 的 Scope 属性可以设置不同作用范围的 Bean。
5. JDBC 驱动程序分为 4 类：JDBC-ODBC Bridge、Native-API Bridge、JDBC-middleware、Pure Java Driver。
6. JDBC API 主要的类和接口：DriverManager 类、Connection 接口、Statement 接口、ResultSet 接口。
7. JDBC 访问数据库的过程。
8. Statement 用于执行 SQL 语句，PreparedStatement 用于预编译 SQL 语句，ResultSet 用于返回数据结果。

5.5 课后习题

1. 简述如何编写 JavaBean 类。
2. JavaBean 的属性可以使用什么方法来访问?
3. JDBC 的作用是什么? 访问数据库的基本步骤有哪些?
4. Statement 和 PreparedStatement 有什么区别?
5. 编程题：应用 JavaBean 技术实现一个简单的购物车程序。
6. 创建一个学生表，通过控制台输入学生的姓名、性别、年龄，并将数据插入数据库中。

参考文献

[1] 方建平. Web 开发：Servlet/JSP 程序设计[M]. 大连：东软电子出版社，2007.

[2] Mukhar K. Java EE5 开发指南[M]. 窦巍，顾玲，等译. 北京：机械工业出版社，2006.

[3] 丛书编委会. JSP 项目开发情境教程[M]. 北京：电子工业出版社，2012.

[4] Hall M，Brown L. Servlet 与 JSP 核心编程(第 2 版). 赵学良，译. 北京：清华大学出版社，2004.

[5] 汪孝宜，刘中兵. JSP 数据库开发实例精粹[M]. 北京：电子工业出版社，2005.

[6] 张如利. Java Web 应用开发[M]. 北京：科学出版社，2010.